不可磨灭的历史记忆

红旗渠口述史

河南红旗渠干部学院 ◎ 编著

人民日报出版社

北京

图书在版编目（CIP）数据

不可磨灭的历史记忆：红旗渠口述史 / 河南红旗渠
干部学院编著. –– 北京：人民日报出版社，2025.4.
ISBN 978-7-5115-8728-2

Ⅰ. S279.261.3

中国国家版本馆 CIP 数据核字第 2025RF4111 号

书　　名：不可磨灭的历史记忆：红旗渠口述史
　　　　　BUKE MOMIE DE LISHI JIYI: HONGQIQU KOUSHU SHI
作　　者：河南红旗渠干部学院

出 版 人：刘华新
责任编辑：李　安　蒋菊平
版式设计：九章文化

出版发行：人民日报 出版社
社　　址：北京金台西路2号
邮政编码：100733
发行热线：（010）65369509　65369527　65369846　65363528
邮购热线：（010）65369530　65363527
编辑热线：（010）65369528
网　　址：www.peopledailypress.com
经　　销：新华书店
印　　刷：大厂回族自治县彩虹印刷有限公司
法律顾问：北京科宇律师事务所　010-83622312

开　　本：710mm×1000mm　1/16
字　　数：234千字
印　　张：18.5
版次印次：2025年4月第1版　2025年4月第2次印刷

书　　号：ISBN 978-7-5115-8728-2
定　　价：48.00元

如有印装质量问题，请与本社调换，电话：（010）65369463

《不可磨灭的历史记忆：红旗渠口述史》
编委会

主　任：刘文海

副主任：刘　芳　　陈晓萍　　石瑞峰

　　　　刘树伟　　王晨钟　　周　楠

　　　　陈宁宁

委　员：元　涛　　杨玉朝　　赵章林

　　　　张少砚　　申贵斌　　李　冰

　　　　郝永青　　李　浩　　冯　琳

主　编：刘　芳

副主编：陈晓萍　　元　涛

编　辑：郭晓明　　王彬尧

以"人民叙事"激活红色记忆

颜晓峰

习近平总书记指出，"红旗渠就是纪念碑，记载了林县人不认命、不服输、敢于战天斗地的英雄气概。""没有老一辈人拼命地干，没有他们付出的鲜血乃至生命，就没有今天的幸福生活，我们要永远铭记他们。""红旗渠精神同延安精神是一脉相承的，是中华民族不可磨灭的历史记忆，永远震撼人心。"

20世纪60年代，河南林县（今林州市）人民在党的领导下，以"重新安排林县河山"的豪迈气概，发扬越是艰险越向前的斗争精神，凭着一锤、一钎、一双手，逢山凿洞、遇沟架桥，在太行山上修建了全长1500公里的"人工天河"——红旗渠。红旗渠的建成，形成了引、蓄、灌、提相结合的水利网，结束了林县"十年九旱、水贵如油"的苦难历史，从根本上改变了林县人民生产生活条件，为林县的经济和社会发展奠定了基础，至今仍然发挥着不可替代的重要作用，被称为"生命渠""幸福渠"。在十年修渠历程中，孕育形成了以"自力更生、艰苦创业、团结协作、无私奉献"为主要内涵的红旗渠精神。红旗渠精神是中华民族精神的重要组成部分，是中国共产党人的精神谱系的重要内容，彰显了社会主义革命和建设时期"自力更生、发愤图强"的鲜明时代风貌。2019年9月，新中国成立70周年之际，红旗渠建设者（集体）被授予"最美奋斗者"称号。

红旗渠的修建是党带领人民团结奋斗历程中不可磨灭的历史记忆。在红旗渠的修建过程中，涌现出了无数感人至深的故事和无数英雄人物。他们或是率先垂范的党员干部，或是凿石砌岸的能工巧匠，或是放炮开山的英雄炮手，或是凌空作业的除险队员，或是送货担粮的后勤人员……正是他们众志成城、齐心协力，汇聚成一股改天换地的磅礴力量，在巍巍太行山上镌刻下"人工天河"的不朽传奇。

时光荏苒，昔日的红旗渠建设者们大多已步入暮年，有的业已辞世。开展红旗渠精神口述史研究，抢救性挖掘那段峥嵘岁月的集体记忆，让参与者、亲历者、见证者的讲述打破时空壁垒，鲜活地重现林县人民战天斗地、引漳入林的伟大壮举，对传承弘扬红旗渠精神有着重要现实意义。

开展红旗渠精神口述史研究，有助于为红旗渠精神研究挖掘生动素材。以往，对红旗渠精神的挖掘和研究主要依赖于文献记录和影像资料，往往缺乏叙事生动性和表达直观性。将口述史融入红旗渠精神研究，有助于将红旗渠建设者们生动的个人记忆转化为时代的集体记忆，从而更加真实地还原历史的温度和细节，赋予学术研究以更深刻的情感温度和更深入的现实基础。第一人称的叙事表达极大增强了红旗渠精神研究的叙事张力，让我们仿佛亲身经历了那段艰苦卓绝的建设岁月，感受到前辈们不屈不挠、勇于担当的精神风貌。通过口述史研究，我们能够更加全面地理解红旗渠精神的历史渊源、文化内涵和时代价值，不仅丰富了红旗渠精神的研究内容，也为其传承弘扬提供了更为有力的支撑。

开展红旗渠精神口述史研究，有助于为干部教育培训提供鲜活教材。传统的干部培训往往侧重于理论阐述，而口述史则为我们带来了真实可感、极具感染力的奋斗故事和实践案例。在修渠人的口述中，有林县县委果敢决策，为民引水造福一方的责任担当；有党员干部冲锋在前，带领群众攻坚克难的感人事迹；有数万民众响应号召，不修成大渠不还乡的壮志豪情；有热血青年携手同行，奋力书写青春答卷的蓬勃力量。将红旗渠精

神口述史融入干部教育培训，能够让广大党员干部在聆听先辈们的奋斗故事中，深刻领悟红旗渠精神的深刻内涵，从中汲取宝贵的智慧和力量，进一步砥砺初心使命、增强党性修养、强化责任担当。

开展红旗渠精神口述史研究，有助于为新时代新征程汇聚精神力量。"自力更生、艰苦创业、团结协作、无私奉献"是红旗渠精神的核心内涵，也是共产党人价值观的具体表现，在新时代新征程依然具有强烈的现实意义和价值内涵。红旗渠的建设者们在极端艰苦的条件下，凭借坚韧不拔的意志和勇敢无畏的精神，完成了穿山越岭、开凿千里渠道的壮举。这种不认命、不服输、敢于战天斗地的英雄气概，不仅体现了中华民族的优秀传统，更是当代社会面对各种挑战时不可或缺的精神支柱。挖掘红旗渠精神口述史资源，深入探究亲历者、建设者们的生动故事和宝贵经验，将口述史研究成果转化为传承红色基因、赓续红色血脉的鲜活载体，将进一步激励我们秉承红旗渠建设者的勇气和决心，不惧困难、勇往直前，以坚定的毅力和决心克服一切难关，让红旗渠精神焕发出更加耀眼的光芒。

《不可磨灭的历史记忆：红旗渠口述史》一书以红旗渠建设者、见证者讲述的亲身经历与感悟为主要内容，涵盖修渠背景、艰辛过程、技术攻坚、后勤保障等多方面，生动展现林县人民在恶劣环境下，凭借顽强意志和无畏勇气，绝壁穿石、挖渠千里的壮举，还原红旗渠从规划到建成的波澜壮阔历史。为传承弘扬红旗渠精神创设了新载体，为红旗渠精神研究提供了一手资料，为党员干部开展党性教育提供了鲜活教材，将激励更多人铭记奋斗历程，汲取奋进力量，为推进中国式现代化作出新的更大贡献。

作者系天津大学马克思主义学院院长，

马克思主义理论研究和建设工程咨询委员会委员

宋录芹

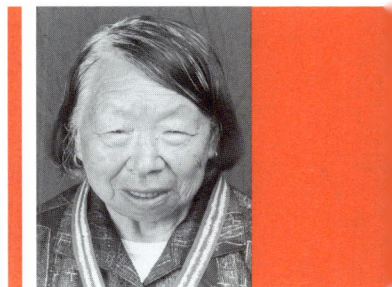

"我和父兄一起去修渠"

☉ 讲 述 人　宋录芹

☉ 时　　间　2022年6月29日

☉ 地　　点　林州市临淇镇南河村

人物简介

　　宋录芹，女，1940年9月出生，林州市临淇镇南河村人，中共党员。1960年在任村公社南荒、山西平顺白杨坡修渠，曾和父亲宋保贵、哥哥宋成伏父子三人同时在红旗渠工地修渠。三人工作认真、积极，开展竞赛，多次被评为先进。

要街水库工地当副连长

我娘家在临淇西张村，我爹叫宋保贵，家里有一个比我大5岁的哥哥叫宋成伏。我小时候在西张村学校上学，一直上到高小毕业。

从学校出来后，大队领导说让群众去修要街水库。当时宋明才（音）是领导，他是连长，我是副连长，带领大家一起修水库。当时西张和南河是一个大队，叫西张大队。那时候大多人都没出过村，到了工地，许多姑娘、媳妇哭着想家。

我在工地管做活的人，也干活，行夯、喊夯等都干。大家住在搭的帐篷里，帐篷很长，一个里面住好多人，有的能住二三十个人。在工地上姑娘少，媳妇多。有人哭着想回家，就给我请假，其实请了假也是吃了晚饭走，天不明就得回来，也就回家看一看。可不能误了第二天上工，要是来迟了就要受批评。记得有一次开会我去迟了，人家就不让进了，我急得哭了起来。人家看我年龄小，才让我进去了。

行夯、喊夯：石夯，砸实地基的石制工具。石夯大小不一，小的二三人即可行夯，大的则要四到八人。更大型号的称"石俄"，要十余人同时提起抛下。石夯上钻孔若干，每孔系一麻绳。行夯时一人担任指挥，俗称"喊夯人"，其口中念念有词，称为"夯歌"。在"夯歌"引领下，众人人手一绳应和着夯歌齐喊"嗨呀地嗨也"，或轻提轻放，或猛提高抛，或进或退，或左或右，或起夯或休息，节奏和谐，步调一致，将填充的"三七灰土"等砸至平整瓷实，以达地基不沉陷、不漏水之目的。

在水库工地上干活都是定量，推土一天推多少车都有量，有人管发票计数，推一车土发一张票，推不够不中，大多是男人管推土。妇女行夯的多，男人少，五六个人抬夯，中午也不休息，一股劲地干，等吹下工号时就下工。晚上偶尔加班，一般也不用加班。平常吃饭主要是稀饭、小米，要是吃面条、馍就是改善生活了。工地吃的饭不是太好，但是尽吃管饱。我在要街水库工地从秋罢一直干到年根儿，就回来了。

回到村里后，因为我算有点文化，就去大队办的服装厂里管记账。我一直是个进步的人，14岁时就入了团，18岁时又入了党。我是在村上写的申请，入的党，我知道入党是光荣的事，家里父母也支持我入党。

听从安排去修渠

1959年11月我结婚了，嫁到了南河村，丈夫杨合生在杨村教学，后来不教了，去了西安。

过年后，我还在服装厂里工作，大队通知我去参加修渠。头一天通知我，第二天就走了。当时刘金锁（音）是小队长，李录锁（音）是小队会计。去修渠是由小队安排，当时我是村上的副连长。我就和村上的群众一起出发去修渠，去的时候妇女坐的马车，男人步行。第二天起五更（凌晨3点至5点）就要走，我带着铺盖、碗、两身衣裳。当时家里都没有钱，我去的时候从婆家带了5毛钱，我给我娘说，我娘说5毛钱够做啥，又偷偷给了我点儿钱，让我到工地上用。家里就我一个闺女，我娘也是娇养我。我们先到任村南荒村（今南丰）修渠，一起去的栗红艳（音）也是我们村的。

在修渠工地上，天冷，地上的土也冻着。大家只能用洋镐刨，干活也没有手套，手上都是崩的裂子，还流血。但是大家干劲都很大，干一阵出汗，还有人光着脊梁干。咱是党员，又是干部，大队委派的工作肯定得带头干、使劲干，经常衣裳都让汗湿湿了，拧一下还滴答水。我给大家开会时常给他们说，国家让咱来干修渠的事，把水引到咱林县，就成了好地方，哪都能吃水、浇地，咱都得正经干、使劲干，早干完了能早回家。当时工地上成立了"李改云突击队"，学习先进。还有广播员，专门宣传工地上好的事迹。

> 李改云突击队：红旗渠建设期间，以红旗渠建设等模范、舍己救人英雄李改云的名字授予117个施工建设先进集体的荣誉称号。

我们在南荒干了一个多月，主要是挖土。后来上级让我们移到山西去，走的时候我们还和南荒的干部们吃了个饭，吃炸红薯片，还找了点白酒。算是我们请人家吃个饭，主要是觉得我们在这里，村里对我们很不错，帮我们找住地，帮忙安排吃住。

白杨坡的艰苦生活

我们从南荒移到山西平顺的白杨坡村，去的时候也是步行去。在路上我们在青年洞工地上还看到山上用绳吊着人在打钎。到了白杨坡，我们住在南边的一个很大的崖下，到山上割些草毛铺在地上，再铺上铺的，就这样住。

在工地上开始是刨土，后来也放炮。为了加快进度，记得当时小店公社打了5个大炮洞，光炸药就背了好几天。最后把周边的人都清场后，这个老炮一下子崩了半架山。

工地伙房在沟底，去工地干活要蹚河。记得河里的水有时清亮亮的，有时是浑的。山上还有大红袍花椒，我们在工地上吃的饭主要是小米稠饭、玉米糁稀饭，稀饭不限量，稠饭是分着吃。有的人还去供销社买咸菜吃。当时大队有三辆汽马车，村上有个叫崔全根（音）的管回村取粮食，主要是小米、玉米糁。早上、晚上一般吃稀饭、红薯，中午是稠饭、面条。饭量大的人吃不饱，记得还去捋过大红袍的叶子吃。老百姓常说，糠菜半年粮，捋野菜也能顶些事。

我在工地上不能回来，钱花完了，公社的林仓（音）回村去，我让他给丈夫杨合生捎信说，给我捎点钱过来。当时他也没钱，只给我捎了一块钱，来了林仓还举着钱给我说："瞧瞧，就给你捎了一块钱。"当时，条件都不好，有时也去任村转转。大家都厮跟着去，人年轻，也不觉得路远。但从来没买过衣服，也没买过抹脸的东西，记得买过袜子、洗头膏。还买过黑胰子用来洗衣服。因为黑胰子便宜，黄胰子贵，没买过黄胰子。来的时候带了两双鞋，在工地上我们村上一个媳妇给了我一双旧鞋，就这样替换着穿。

父子三人当标兵

我家里都是石匠，爷爷是石匠，父亲、哥哥都是石匠，我哥宋成伏是个好石匠。渠上垒渠帮时，要找石匠，我哥听说了，就主动要求去。

▲ 工地青年　魏德忠摄

我父亲是党员，当过干部，觉悟也高，后来也去工地上修渠。

我们父子三人同时在工地上，我父亲在料组，管背石头，我哥在垒砌组，管垒石头，我在和灰推灰组，管推白灰。每天早上分配任务，我哥石匠技术好，会刻花。有时吃过饭的时间，父亲也会和我们兄妹聊天，他总和我们说："咱三个都好好干，使劲干，早点干完早点有水来，咱们也早点回家。"有时候大家看着我干活挺累的，说让我稍歇歇。我说别，我要是坐下了大家也都不干了，要干都干吧。父亲年龄大了，我有时问他累不累，他说不累，咱在外面正经儿干吧。其实我也知道，他也累，年龄大了，天天背石头，只是我管派活，他肯定不会说自己累。大家都在干活，都出力。他当过干部，有经验，我经验少。有时吃饭的时候他也给我说什么事该怎么料理，人要怎么摆布，这里不能多派人，会冤工，那里怎么派人，等等，教我处理一些事。有时我也和干部们一起到工地上去检查一下工程，来回看看。

我哥在工地上垒的渠好得很，从来没有返过工。平常我在工地上也常常和大家说，千万要垒好，垒不好领导就会让返工。我在的和浆组，大家天天和浆，都知道比例。工地上条件有限，用的水都是人去河里担的，桶

还是木头桶。

　　我和父亲、哥哥三人在渠上都是干活干得好的人，不管是背石头、垒石头、推白灰，我们三个每天都要超额完成任务，在干活上从不落后。领导表扬我们不惜劳苦，能干。我总是想着，咱是党员，咱不干谁干。我们好几回被评为西张村的标兵，有人还把我们的事印在书上，编成了曲儿宣传：

　　保贵、成伏和录芹，父子三人是标兵。

　　保贵人老心不老，儿子成伏思想红。

　　录芹姑娘决心大，一心学习李改云。

　　父子三人搞水利，红旗渠上全家红。

　　后来，工地上减人时，我们父子三个就都回到了村里。时间长了，孩子们也大了，有时候，我也会给孩子们讲讲修渠时的事，教育他们相信国家的政策，吃苦工作，好好生活。

（整理人　郭玉凤）

王爱连

"在青年洞打钎"

⊕ 讲 述 人　王爱连

🕔 时　　间　2022年7月1日

📍 地　　点　林州市世纪广场小区

人物简介

  王爱连，女，1940年2月出生，林州市横水镇西下洹村小屯自然村人。1960年农历二月初三从采桑公社大岭沟英雄渠工地转战到红旗渠青年洞五号旁洞工地，在青年洞打钎半年，任横水公社妇女营营长。

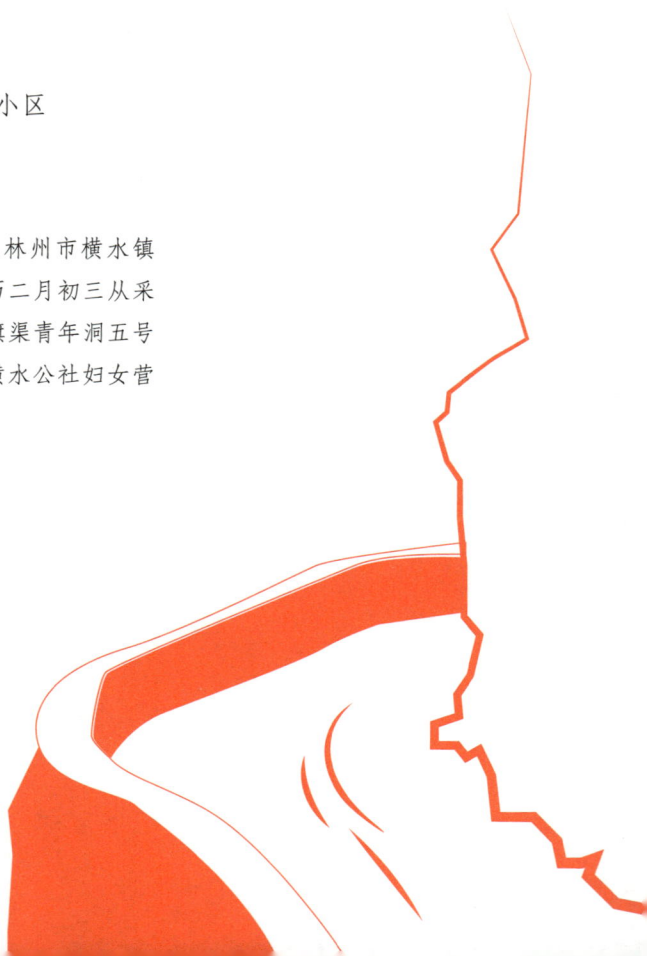

我叫王爱连，1940年2月出生，我家兄弟姐妹一共7个，我排行老五，小时候因为家里穷，我没有上过学，也不认识字。六七岁的时候在家里放牛，帮姐姐们带孩子，农忙的时候也会下地干活。十岁那年，我母亲去世后，我就不再放牛了，主要跟着父亲下地干农活。

奔赴引漳入林工地

1958年农历九月初三，我出发去大岭沟修英雄渠北干渠，吃的主食是红薯，每次吃饭都要先把食物称一下重量，保证大家公平，可我总是吃不饱。每天天不亮就去上工，天黑了才回住处。

1960年正月，大队干部宣布了要去引漳入林工地的名单，通知我们直接从大岭沟出发去引漳入林工地。后来考虑到我们在英雄渠工地上干了一段活了，就让我们先回家休息了几天，二月初三出发去引漳入林工地。我在大队领了一个席子，挑着席子、被褥，被褥里面裹着碗，带着用玉米面和红薯面做的饼作为干粮就出发了。王秀雄（音）带着我们一个村子的一起去渠上，是走路去的。在去的路上到处都是"五一通水，带水回家""修不成渠不回家"这些标语。我当时只知道工地离家100里地，但是具体在哪也不清楚。在路上，队伍前后都有干部负责，因为担心有人迷路。第一天走了大概50里路，晚上到姚村吃了一顿饭。姚村那时候就有电灯了，那是我第一次看见电灯，有人因为不知道开关在哪里，晚上蒙着头睡了一晚。我妹妹也去了，当时她已经出嫁了，跟我不是一个村子，那一年她19岁。刚开始在青年洞的都是二三十岁的青壮年劳动力，我妹妹因为年纪小被分到了石城工地。考虑到打钎的时候，抡锤的人是面对面的，有一个人主要用右手出力抡锤，另外一个人主要用左手出力抡锤。我妹妹刚好是左撇子，她又被分到了青年洞。

我们的工地在任村公社卢家拐附近，在村民家里住，我们6个女孩住在一个炕上，大家都伸不直腿，每天晚上蜷着腿睡觉。我刚开始到那边是负责背柴，用来烧石灰。那个时候什么都是现造的，边修路边烧石灰。去背柴的时候砍柴的人会给我一个纸条，背到石灰窑有人专门负责给盖章，背一次盖一个章，就用这个纸条来计算当天的工作量。

担任妇女营长

在青年洞5号旁洞时，我担任横水公社妇女营营长。我经常跟着公社的领导去渠上检查安全和进度，每次开会回来负责给大家传达会议内容。当时也发了书和笔记本，营部也有报纸，但是我不认识字，所以都没要。

我们每次上洞需要先上梯子，梯子是用铁丝连起来的，大约两三丈高。因为洞口比较高，中间有凸起的石头，梯子也到不了，爬过梯子后再拽着一根拳头粗的绳子往上面走才能到我们的工作面。每天都吃不饱，下工的时候更饿。大家拉着绳子轮流往下滑，领导说就算是磨得手疼也不能放开绳子，绳子是用来保命的。当时营部给了6条白帆布裤子让男人们穿，妇女们也都抢着要，因为来回上上下下爬绳子裤子都磨烂了。后来在梯子旁边修了台阶，我们就不用再拉绳子了。

我们是两班倒，每9个人是一组，第一组人从上午12点干到半夜12点，另外一组接班从半夜12点干到第二天上午12点。干12个小时大家很累也

▲ 青年洞　河南红旗渠干部学院供图

很困，互相都不聊天说话，实在是困得不行了就用水洗把脸。我一般是夜里12点去上工，在住的地方吃过饭就出发。刚开始早上要返回住处吃饭，后来开了洞后，由做饭的人负责往洞口送饭。工地上吃饭以糠饼为主，也吃红薯叶，没有见过馒头。早上是两个糠饼，也有清水米汤，但是大家都不喝汤，因为上下洞一次太麻烦了，尽量不喝汤就不会频繁上下洞去上厕所。

每天在石头上踩着来回走，鞋坏得很快。那时候工地上有专门负责补鞋修鞋的鞋匠，我经常需要去修鞋，不用掏钱。等鞋子坏得实在是不能穿了，我就白天上工修渠，晚上回住处偷偷做鞋。领导晚上会到住处检查大家是不是按时睡觉，是为了让我们好好休息，保证上工的时候脑子清醒不出事故。但是我没有鞋子穿的时候，只能在被窝里偷偷做，看到领导来检查了就赶快关窗睡觉。那时候大家都没钱，鞋子坏了能修就修，不能穿了就自己做。我母亲去世得早，家里也没人给我做鞋。有时候实在是没时间做鞋、缝衣裳，就请半天病假，找医生开个病条，医生其实也知道我们是想休息一下做点东西。但是请病假得吃病号饭，都是很稀很稀的稀饭，不会再额外发平时上工时吃的两个糠饼，这样就得饿肚子。所以大家没有特殊情况轻易不会装病请病假，请假也只请一上午或者一下午。

流动红旗是拿命换来的

我们每天都要检查工作进度，每三天集体评估一次。哪个队干得多就

▲ 巾帼不让须眉　魏德忠摄

会发流动红旗，红旗插在洞口，还会发一张奖状。我们连着得了三次流动红旗，所以赵村让我们去跟他们比赛，他们想知道我们是怎样打钎的。去比赛之前我们都把钢钎磨好，钢钎有不同的长度，我们带了好几套钢钎，大家说我们是去赵村"送宝取经"的。在那里打了一天钢钎，那次比赛我们比全洞的队打得都深，又得到了流动红旗。因为我们打钎的时候，钢钎是悬空的，抡起锤子往钢钎末端砸，这样可以打得深一些，但是这样人也很累。

打钎时3个人一组，轮流打钎扶钎，一个班9个人一共3根钢钎。我们组6个男的，3个女的。洞里打钎很困难，因为里面都是火石，一锤下去溅起火花，火星会溅到脸上，每溅到脸上都会留下黑点。妇女打钎也扶钎，不仅会砸到手，在横向打钎的时候，因为是把钢钎放在肩膀上背着往里面打，有时候也会砸到后背上。洞没有打通的时候，我们可以听到洞对面打钎的声音。我们这三根钢钎内部也会评先进模范，每天也有规定的任务量，所以大家都不休息。每次大队会广播表扬模范，虽然不发物品奖励，但是大家浑身都充满了力气。打钎的组只负责打钎，有专门负责出渣的人，虽然刚开始去的时候天很冷，但是大家忙得浑身是汗。即便是下雪的时候我们也没有停工，手一直扶着钢钎或者握着锤子，手指头几乎伸不直也不会握拳，每次握拳或者伸直手都很疼。

在工地上，有时我实在是没力气了，会喊毛主席的语录："下定决心，不怕牺牲，排除万难，争取胜利。"我一个工友打钎的时候大拇指指甲不小心（被）砸掉了，但是他却没有声张。指挥部每次开会都会强调安全和工程进度。大家都戴着柳条帽，里面有帆布，防止石头砸到头上。我们大队有一个人叫王保生（音），他当时才18岁，在施工的时候被炮崩死了，大家都感慨："我们的流动红旗是拿命换来的。"

现在让修渠，我还会去

在工地上放炮的时候，如果插着红旗，说明大家可以通行，如果插着黑旗的话，就不让人通行。放炮的时候我们躲在安全洞里，大家互相挤着缩在一起，堵着耳朵张开嘴巴，等待炮响。

在红旗渠工地上也有裹着小脚的妇女参与修渠，每个村有修渠名额要求，大脚的人数不够只能由裹小脚的妇女顶上。我所在的大队有五六个小脚妇女，每次下工我都吃上晚饭了，她们还在路上没回来，因为裹着小脚走路慢。我们打钎的人去吃饭的时候，负责出渣的人留在工地出渣，除险的人也留在工地除险。

五一那天我们改善了一次伙食，吃了一顿饺子。刚开始在渠上我很想家，有人在工地因为想家会哭。我在工地上家里也没给我捎过东西，我上渠的时候自己戴了手套，由于打钎手套很快就磨烂了，自己缝缝补补将就着用。在工地上干得久了，就不觉得累了，就不想家了。

大约在1960年农历七月，我从工地上回家了，后来担任了妇女主任。

我有两个儿子两个女儿，现在生活得很好。有时候睡觉前会回忆年轻时候在青年洞打钎的经历，那时候真的很艰苦，但是想想在洞里雨淋不着雪淋不着，其实也还好。如果我身体健康，国家现在让我去修渠，我还会去。我觉得不是因为有了红旗渠才产生了红旗渠精神，是我们这一代修渠人在那个年代修渠的决心和我们付出的所有努力、修渠经历的艰辛过程彰显了红旗渠精神。

（整理人　李鑫洁）

宋秀英

"不后悔去修渠"

(A) **讲 述 人**　宋秀英

(C) **时　　间**　2022年6月30日

(O) **地　　点**　林州市采桑镇北采桑村

人物简介

　　宋秀英，女，1943年5月出生，林州市采桑镇北采桑村人。1960年，她和哥哥先后响应号召，上山修渠。在工地上抬过筐、打过钎。至今回想起那段修渠经历，她都历历在目，她说："俺从小没上过学，十几岁就参加修水库、搞钢铁，后来又去修红旗渠，现在想想吧，年轻时可干了不少事，不后悔。"

人小经历多

我叫宋秀英，1943年5月出生，娘家是采桑镇南采桑村。俺家兄妹3人，上边还有哥哥和姐姐。

过去条件都不好，哥哥姐姐都上了几年学，我后来因为家里实在没钱了就没能上学，在家干些杂活儿。"单干"的时候，俺娘去地里干活儿，我就在家管做饭。那个时候，我七八岁就自己做饭了。后来有了生产队，我觉得俺娘岁数不小了，就替俺娘上工了。

有一回跟着大人在地里干活儿，就听人家说："可好了，要合食堂了，以后干完活儿回家端上碗就能吃上现成饭了。"合了食堂没多久，队里就叫我去食堂做饭了。你别看我人小，我啥事都干过。

后来年龄稍大一点，我也参加工程建设。1957年在采桑修宋家坟沟水库，也在村里搞过钢铁。俺那会儿还小，管拉风箱，一边6人，两边12个人一起拉。后来也去过河交沟修弓上水库，再后来就到了红旗渠工地。

党叫干啥咱干啥

那个时候，到处都是修渠、修水库。队里干部一安排，人就上，都可听话了。老百姓都知道修渠、修水库是好事，大家说："党带人民得解放，党叫干啥咱干啥。"俺哥和我上渠，那都是队里喇叭一广播，俺就去，没想其他。

在弓上水库工地上，俺跟其他岁数不算大的小姑娘一起负责抬筐运渣土。大家都是筐满了就抬走，倒在坝基上，再拿着空筐回来，都很自觉。

修宋家坟沟水库时，俺们干劲儿也大了，都是起早贪黑，基本都是天不明就去，摸黑了才下工。水库边有一条小毛渠，有一回俺们去工地，摸黑就看见毛渠边趴着啥东西了，都不敢上前看，有一个胆大的妇女走到跟前儿一看，原来是俺一个村的一个妇女，起得早，困得不行，就一头栽那儿睡着了。现在想想，那会儿人都是不怕累、肯吃苦。

在工地上，比我年龄大些儿的大姑娘带了针线活，天气不好的时候，就在屋里纳鞋垫，喷闲话。我年龄小，就没带活儿，每次我就坐在边上看着。她们也带了零花钱，干活儿饿了就凑几毛钱给我，我跑腿儿去小卖铺买回来些"吃嘴儿"（零食），姐姐们也分给我些儿。那时候工地上啥也没有，能吃上零嘴儿，心里可高兴了。

▲ 抬筐运渣土　魏德忠摄

生活艰苦意志坚

那个时候修渠，没啥大机械，都是体力活。吃饭跟不上，不说有营养，连吃饱都是问题。渠上也困难，经常会有人专门去挖野菜，像阳桃叶、米谷菜、红薯叶，简简单单调调味儿都能当菜吃。每天早上就是两块儿小糠饼，想吃饱可难啊，中午能吃上一锅焖，晚上喝汤。那会儿要是能弄上两盆红薯叶，放些盐调调味儿，都感觉好吃得不行。

我上渠时，俺哥哥已经在渠上了。我觉得俺哥哥是男劳力，干的都是费力活儿，当妹妹的也心疼他，每次都是早上给他留一块儿糠饼。虽说吃不饱，多吃两嘴总能管些用吧。平时在渠上，俺跟哥哥也不经常见面，就是在吃饭时能见上。虽然那时的人有时候吃不饱，可都能完成自己的活儿，没见谁偷奸耍滑。号声一响，人们就自觉背着工具上工地，精气神儿不赖，心里就想着早点吃上漳河水，决心大得很。

小饭勺也有大格局

那时在工地上吃饭，稠稀就是一小马勺。不过别看这小马勺，里面的门道也大着呢。用洋灰（水泥）盘的大锅灶，一锅汤，一般吃完饭，锅底都是留些稠的。别看我小，但学问不小。我当时也在食堂干活儿，给工人舀饭。别人都是拿着马勺直接舀一勺，我是先拿着马勺顺着锅在汤里推一圈，这样底下的面条就翻上来了，这样舀到碗里就不会稀。每次我负责的那口锅前排队的人可多了，到最后都是剩了一锅底稀汤。做饭的老师傅说我："你这傻闺女啊，留的都成稀汤了。"我听了后嘴上不说啥，心里想，

咱在食堂干活了，就算剩下的汤稀一些吧，咱自己能尽着喝，人家在工地费力干活了，不吃饱不行。

几十年过去了，很多事都记不清了，但是修红旗渠这件事我记得清。那个时候，条件不好，为了修成渠，吃了不少苦，受了不少罪，但是俺不后悔啊。你们看，现在咱这生活多好，以前吃的喝的跟现在真没法比，现在想吃啥咱买啥，想去哪儿路也好走，可不赖。

（整理人　常卓航）

韩吉付

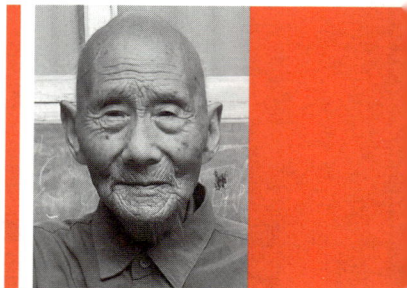

"当好司务长　办好暖心事"

⊗ **讲 述 人**　韩吉付

🕐 **时　　间**　2022年7月4日

📍 **地　　点**　林州市五龙镇七峪村尖法沟自然村

人物简介

　　韩吉付，男，1930年1月出生，林州市五龙镇七峪村尖法沟自然村人。修要街水库的时候，在小队当会计，后来在食堂当司务长。1960年在山西省平顺县王家庄修渠，先后担任副班长、司务长职务。在工地上背粮食、背盐、背煤、背炸药，给民工分饭。

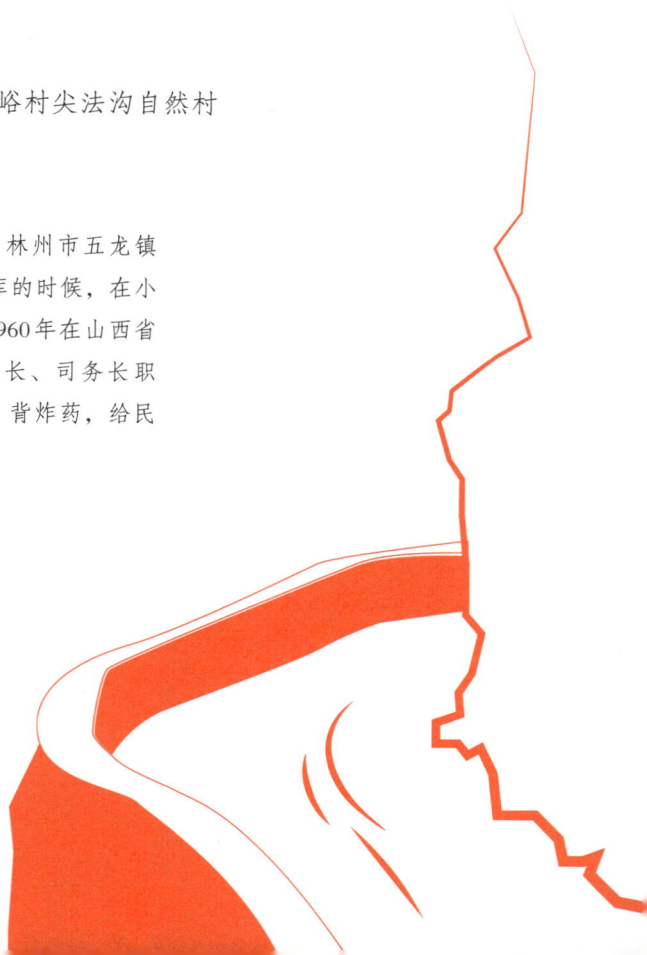

"司务长"从大队当到了红旗渠上

我出生于1930年1月12日，今年93岁。家里姐弟三个，就我一个男孩。7岁那年父亲就去世了，没有上过学。当时家里是中农，家中还有土地。解放之前国民党在七峪村骚扰群众，十二三岁就被抓过去垒炮楼，为了抗争破坏过铁路，去辉县抢过枪。18岁结婚，有4个儿子2个女儿。

修要街水库时，我在小队当会计，我们小队有90多亩地。后来在队里的食堂当了司务长，然后又去红旗渠工地上接着当司务长。在我上工地之前是牛文生当司务长，后来他回去了，我才当了司务长。当时也没有动员，小队70多人，往红旗渠上去了6个人。第一批去红旗渠工地上（的）人还较少，我是二月初三跟着第二批去的。当时带着铺盖、锄头、葫芦瓢就上工地了，去的时候没有带钱，步行上山，也没有说去多长时间。我到工地刚开始当副班长，和大家一起在工地干活，平常主要是垒渠墙、垒坡，还去过漳河北面背炸药、打老炮。

服务民工的日常生活

一开始我们在任村公社桑耳庄，没有多长时间我们从桑耳庄西沟往山西走。

我们一开始住在山西省平顺县一个叫恭水的村子，在王家庄东坡沟干活，距离有好几里地。当时，泽下公社东山五村（城峪、桑峪、七峪、碾上、马兰）在一块儿干活。我们会去王家庄背粮食、背盐、背炸药，两个人背100斤粮食，七个人背了300多斤粮食，还会买老百姓的粗糠，磨一下用来蒸馍。

　　每天早上，我们顺着一条山沟步行往工地走。一下雨，我们就坐船去工地。漳河北面是总指挥部，每天工人8点到工地上，我上午会去给大家送饭。我固定一个碗，当标准，给大家分饭，一个人能吃两碗稍多些，大家都觉得我比较公道。每天快下工了，班长就让我赶紧回去，给大家分饭，等大家下工回来后，我都已经一碗一碗地给大家分好了。早上起来是稀饭，晚上也是稀饭，粮食是白面、玉米面、小米。有一次想给大家改善一下生活，想着给工人们炸一次油条，没想到做的过程中，油从锅里漫出来了，最后油条也没吃成。

做群众的"贴心人"

　　麦前工地开始减人，二三百人剩下了50多人，我们村里就剩下了我一个人。我们在工地上开会，一直讲安全。麦罢以后，民工每天粮食补助减少了，变成了每天1斤粮食，当时也没有人说1斤粮食不够吃。粮食少了以后，我就派人去挖野菜，一天派一个人去挖，在工地上那么长时间，队里没有送过菜。

　　当时工地上没有钱，我就请假回大队里借钱，本来打算借1000块钱，由于队里也比较困难，借给500块钱。借完钱我没有及时回工地，在家里待了几天。回去以后，我用借来的钱买了粮食买了煤。当时银行在工地上设了34个点，我把钱存在银行，需要的时候再去取。当时煤是从公社买的，盐是从供销社支取，村里收了粮，给粮食供应店以后，供应店就上了粮册，然后粮店就把粮册发给我们，上面写着人数。第一次去领粮食的时候，还闹了笑话，光把粮册领走了，忘了给人家钱，后来又把钱给还了回去。

当司务长那么长时间，我一分钱也没领，没领过补助，一辈子没沾过别人的光。工地让我先去担水给民工定量，我觉得应该少担一点，让大家轻松一点，我就挑了6桶水，领导觉得任务太松了，又给定了8担。当时在工地上，指挥部会一直监督事务方面的工作，蒸好的馍会拿给指挥部看看，稠饭端一碗让他们检查。有时候指挥部会去伙房检查秤，秤如果有问题，怕民工吃亏，供应了多少粮食都得让民工吃够。

我在红旗渠工地上虽然做的都是小事情，但也想把这些事情做到群众的心坎上。

（整理人 程亚文）

孙桃英

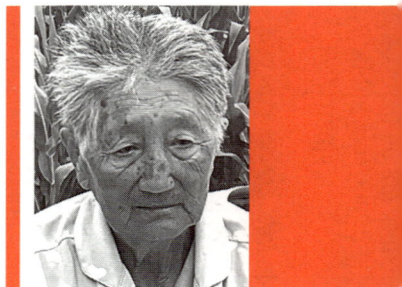

"在渠上我和男劳力一样干"

⊗ 讲 述 人　孙桃英

⊙ 时　　间　2022 年 7 月 11 日

⊙ 地　　点　林州市桂林镇南屯村

人物简介

　　孙桃英，女，1942 年 12 月出生，林州市桂林镇南屯村人。1960 年正月，她作为第一批修渠人上渠，和同大队的两个女孩骑着毛驴走到山西，在工地上负责打地基、锄土、抬石头。她说："我们上红旗渠的时候，还属于打地基的阶段，红旗渠啥都没有，我们就是负责铲土，我们劳动的地段都是山，也不好打地基，在渠上我们和男劳力一样干。"

修过英雄渠和弓上水库

我叫孙桃英，桂林镇南屯村人，1942年出生，13岁就没娘了，19岁没爹。村里这一片没爹没娘的就我家一家，从小到大太受罪了。我也没上过学，我娘死得早，我爹不让我上学，让我天天背着篮子去割草，后来上民校，稍微认点字，要不就是睁眼瞎。我15岁就开始干活，也去外面干活。16岁修英雄渠，17岁修弓上水库。水库工作完成后，1960年红旗渠动工后我就去修红旗渠。

> 弓上水库：修建在淇河沟谷中的中型水库。因位于原合涧公社弓上村而得名。控制流域面积605平方公里。1958年4月动工，1960年5月竣工。初建时为灌溉、防洪综合性水利工程。1996年6月"引弓入城"工程建成，成为林州市城区主要饮用水源之一。

我家没有劳动力，我们姐妹四个，两个妹妹也比较小。我娘死后，我爹原来还在大队当干部，也负责修渠，后来生病躺床上也动不了。所以村里需要出劳动力的，我家都是让我出去干活，把我当男人一样使。我姐那会（儿）快出嫁了，两个小妹妹才四五岁太小，因为生活困难还把家里的小妹妹送给了附近村子的人家，所以我姐在家里照顾一家子老弱病残，我负责出去外面干活挣工分。

我先修的英雄渠，在渠首那修。我记得是在1957年，大概我16岁的时候去修的，修英雄渠的时候，我们工地是在西坡边。我还在三井修过英雄二干渠，在那修了半个月，下了半个月的雨，一双鞋都给我毁了。我爹那时候还是工地广播员，修英雄渠时吃得比红旗渠上要好得多，吃的面还

▲ 罐车运石 魏德忠摄

挺多，后来在弓上水库的时候大部分都是喝稀饭和喝面汤。

1958年，英雄渠修好后我就去弓上水库了，那时我才17岁。我干的活也比较单一，在工地上就是跟别人一起抬石头，天天抬石头，每天特别累。你不知道那个石头有多大，都是垒坝基的石头，石头是从附近的山头火焰山（音）搬过来的。山上都是那种长长的石头，16个人才能抬一块大石头。我在弓上水库干了二三年，别人在渠上干活可以轮休，但是我家情况特殊，也没人替换我，我就常年在工地上干活。

爹病重在床，我又上了渠

1960年正月引漳入林动工时，我家没有剩余的劳动力，所以小队党组长就通知我去修渠。党组长叫文周（音），他知道我家的情况，但也没办法。我爹那时候已经躺在床上一年多，我就在床边哭着说："我爹病重躺床上快死了，我不去修渠。"我爹也哭，他是党员，以前还一直是大队干部，他也知道我不去不行。他说："你就走吧，到外面多看别人眼色，照顾好自己的身体，不要干活时伤到自己，就让你姐在家照顾我。"

我记得很清楚，正月十五动工去修渠，跟我一起骑驴去修渠的那两个

人现在还在呢。我们队旦去了3个女的，一个叫淑英，一个叫江芬，比我小两岁多。她们两个骑着驴在前面走，我在后面跟着走，倒也不是不让我骑，我个子比较大，比她俩个子大，怕驴驮不动两个大人。她们越走越远，我也就越来越赶不上，一路从小店走到任村。我们队里还去了很多男人，但是我不记得都有谁。

修渠时我在阳耳庄的冯新民（音）家住，他是党组长，现在估计不在了。他长的个子很大，那时候十几个人在他家住，他家外面有两间房，我们都打地铺，挨着墙睡觉。我们上渠的时候，还属于打地基的阶段，渠啥都没有，我们就是负责铲土。我们劳动的地段都是山，也不好打地基。我们工地挨着石贯和石界，干活的时候还能抬头看到望京楼。工地离我们住的地方也不远，吃饭地方也不远。我在工地上天天铲土刨地基，吃饭的时候也没啥好饭，早上就是吃的红薯加上水，红薯是蒸的，还吃老椿叶，各种野菜也吃。有一次吃野菜集体中毒了，有人开始生病，就把那菜埋地下了。红旗渠工地上的领导叫陈喜云（音），是连长，每天都给我们布置工作任务。

偷偷跑回家见了我爹最后一面

二月中旬，家里有人打电话到工地上，说我爹快不行了。我急得直哭，吃不下饭干不了活。冯新民知道我爹不行的时候，还一直安慰我，他看我吃不下饭还让我吃他家的饭。我一晚上也没睡好觉，一大早就早早跑出来回家。我走的时候同村的牛春先（音）还出来送我，她那时已经结婚，年龄大了点。我很感谢她，一辈子都忘不了她。我跑的时候很害怕，早上太黑看不清路我就趴地上看，后来跑到大路上搭了个汽马车。那个汽马车是赶早去拉煤的，赶车的是同村的王丑（音），我就坐上汽马车走到了姚村。王丑比我大十几岁，他看我可怜，还给我买了一碗饭，小米饭加蒜苗。他特意把我送到县城后，就又赶回姚村去拉煤了。

我从县城步行回到家，走了30多里地，回家就到傍黑儿了。走到油村的时候我还问别人我爹咋样？别人说我爹还活着，歇了几天缓过来了。我回到家脚肿得不行了，就对着我爹哭，我爹勉强睁开眼说："你咋成这样了？"我爹最后饿得浑身都是病，那时虽然在食堂吃饭，但是吃得很少，稀饭和捞面条就一点点，根本不够吃。后来食堂也困难，一天就给我六两粮食，我把六两粮食拿回家，想办法给我爹做点吃的。我爹死之前，还是用我姐出嫁时婆家人给的磕头钱买了几个鸡蛋。我爹后来咳嗽得也厉害，生病一年多，家里也没收入，也没钱给他看病，我们到死都不知道我爹是啥病死的。我爹死的时候才42岁，死后还留了很多窟窿，欠债小100块钱。我们把家院子里的老槐树卖了还了债，这都是我姐做主的，她比我大3岁。

我爹死后，我也接着开始干活。我去修粮店，就（是）现在桂林镇那个粮店，后来也去修过水库，修过水渠。

（整理人　张利华）

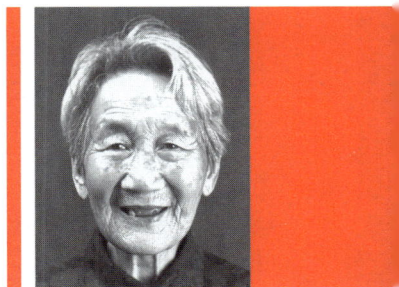

刘海珠

"独生女在渠上十个月"

⊛ **讲 述 人** 刘海珠

🕐 **时　　间** 2022年7月22日

📍 **地　　点** 林州市五龙镇泽下村东泽下自然村

人物简介

　　刘海珠，女，1943年5月出生，林州市五龙镇泽下村人。1960年正月十四，接到队里通知，第二天出发去任村公社清沙村修渠。在渠上她抡过锤、打过钎、背过煤饼、搬过石头、铲过土。还担任保健员，负责受外伤民工的包扎工作。

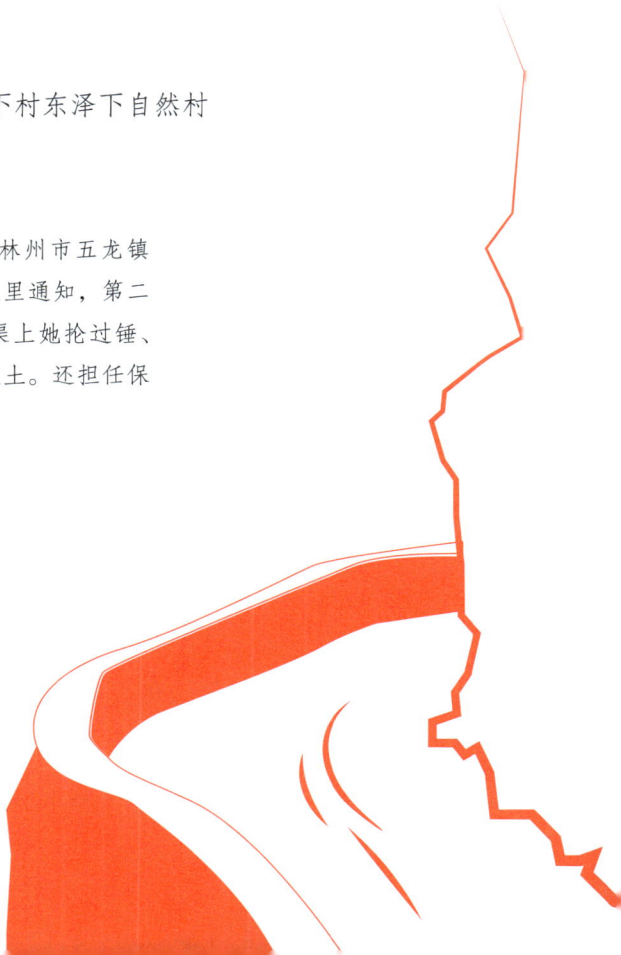

修渠缘起

我叫刘海珠，1943年出生在五龙镇泽下村。我的父亲刘启山是小队会计，大爷刘连峰是党员。爹娘只有我一个女儿，我娘很疼爱我，也对我要求很严格。

我是家里的独生女，是爹娘的宝贝疙瘩，虽然爹娘疼爱，但当时老百姓普遍都穷。印象中，我10岁以前的时光就是在家放牛，每天赶着牛去山坡上吃草，还要留意着不要让牛毁坏了庄稼。一天天盼过去，终于等到牛长大，把牛卖了之后我终于有机会去上学了。当时10岁的我虽然过了上学的年纪，但我见缝插针，努力挤时间学习，认了不少字，这也给之后选派我学习中医提供了基础。对于我读书认字，当时家里的想法是怕我读书读多了到外地去工作生活，家里爹娘没人养老了，所以只让我读了5年小学，认识了一些字，不做睁眼瞎。现在回想起来，我也非常能理解当时家里的决定，虽然没有能继续读书，但作为独生女，留在爹娘身边尽孝，也是我的职责。

1958年农历十月初六到第二年五月十七，我在要街水库上干活。那个时候水库上的活儿比较集中，我就每天跟着大家抬土、搬石头，晚上也要干活。我当时16岁，年龄小，有一次晚上搬石头，突然停电了，我又困又害怕，就抱着石头坐在地上睡着了。在水库工地上，一个公社要抽一个人去学医，泽下公社抽了我。我们跟着临淇的郝医生每天晚上学医，前后一共学了一个冬天。当时晚上冷得很，临淇有个女孩叫海英，我俩关系比较好，她比我大，就每天晚上抱着我，一起学习老师教的中医偏方。就这样，我白天在水库工地上干活，晚上跟着郝医生学医。但是在要街水库工地，我学的医没有用到，因为当时医生多，用不到我们这些小兵上场，加上当时主要是土方活儿，磕碰比较少。但是我学的包扎等没有浪费，在后来红旗渠工地用上了，我想这可能也是派我去修渠的一个原因吧。

正月十五去修渠

1960年正月十五，17岁的我出发去修渠。

正月十五是元宵节，为了照顾我们去修渠的民工，正月十四队里给我们过了十五。正月十四那天中午，队里小食堂给我们做了小米饭和菜，下午分给每个人扁食馅和半斤面，让带回家自己吃。十四那天晚上我家就包了扁食吃。第二天早上，食堂给每人分了一斤面，让大家自由支配，可以当早饭吃，也可以做成干粮带着路上吃。

当时我们村属于石官大队，我所在的是三小队。小队长郭建保（音）通知我去修渠，当时只知道去修渠，对可能遇到的困难危险都没有概念。出发时跟我娘告别，看见她在屋里偷偷抹眼泪，在那一瞬间，有点"马大哈"的我也跟着哭了起来。我娘拉着我的手，叮嘱我在渠上一定要照顾好自己，一定要听话、好好干活，遇到困难多跟同村的人商量。听完她的话，我表示一定会记住，然后抹抹眼泪跟着村里修渠的人出发了。

我们村一起去修渠的有四个妇女，除了我之外，还有小队长的女儿郭文娥（音）、小队长的叔伯妹子郭建华（音），还有嫁到我们村的逯连枝（音）。去修渠工地的路上我们四人也一起结伴儿走。我们背着铺盖卷儿、拿着镢头、铁锨，步行往工地上走。非常巧的是我们走到临淇时，碰见了一辆车。这车是为修渠服务的，车上挤了不少人，都是去修渠工地的，我们便挤上车到了林县县城。到县城后天快黑了，车也坏了。我们人生地不熟。我想起来我的一个叔叔在县城工作，于是打听着找到了他家。正月十五他家煮扁食吃，给我们盛了一碗。那时候大家条件都不好，好不容易改善一次伙食。我们也都不好意思吃，叔叔很热情，非要我们吃。最后没有办法，我们在吃之前把碗里的扁食拨出去一些，每人吃了五六个。晚上我们就在他家屋里外间打地铺。歇了一晚，第二天早上起五更没吃饭就出发了。

从县城到清沙，我们是走着过去的。一路上看见背着铺盖卷儿、拿着工具的，你问都不用问，肯定都是去修渠的人。

十个月没有洗过澡

1960年正月十五到十月初十，那一年是闰六月，也就是说有两个农历六月，所以说算起来一共10个月时间，我都是在修渠工地上度过的。

你要问我为什么时间记得这么清楚，那是因为那是我自己受过的苦、受过的罪，所以一直记在脑子里。我们不是在一个地方一直干活，而是随着工程，先后在清沙、山西王家庄、杏树洼、白杨洼，任村卢家拐等地修过渠。

说起来也不怕你们笑话，在渠上的10个月里，我没有洗过澡，也没有洗过头，如果下雨天被淋湿了，我们就开玩笑说终于洗澡了。

十个月时间呀，不洗澡不洗头，当然不是因为我们不讲卫生。我们都是年轻姑娘，谁不爱美呢？谁不喜欢把自己收拾得干干净净呢？可是缺水呀！修渠工地上有时候吃的水都没有，哪里有水让你洗澡呢？

去修渠的时候我扎着两个长辫子，后来嫌梳头麻烦，就拿剪刀咔嚓一

▲ 王家庄段工地　河南红旗渠干部学院供图

声剪掉了。每天干活，头上沾满了土灰，每天晚上回到工房睡觉前，我就用篦子刮刮土和脑油。由于长时间不洗澡，住的条件差，在王家庄时，我身上痒得不行，起了很多包，挠也挠不过来。

八月十五南瓜汤管饱

　　那时候一旦派你去修渠，你在队里食堂就"下伙"了，你的粮食就跟着转到渠上了。修渠时我年纪不大，饭量也不大，基本上能吃饱。但是男人们饭量大，吃不饱是常有的事。吃饭有时候是大家端着碗到伙房分饭，有时候是到盛饭的桶边分饭，一人一勺，锅里剩下没有分完的再一人半勺。就这样轮着分，最后一定要把桶里剩下的刮干净吃掉，一丁一点也不敢浪费。

在杏树洼的时候，因为泽下离修渠工地远，村里的菜送不上工地，于是我们队里每天都派两个人去挖野菜。他们一人叫刘海宽（音），如果还活着的话，今年刚好100岁。一人叫运生（音），他是西蒋村人，20多岁，姓什么我不记得了。他们俩不用上工，专门负责挖野菜。有人可能会问，大家干嘛不轮换着去挖野菜呢？其实挖野菜也是苦力活儿。因为山西那边地界太大，野菜不好找，他们俩专门挖野菜，熟悉地形，知道哪里有野菜、哪里野菜多。

除了野菜，我们在工地上也吃过好饭。八月十五中秋节那一天，工地已经换到了白杨洼，从清沙拉来了一车南瓜，当时宣布下午南瓜汤管饱，大家高兴坏了。我清楚地记得，那一大锅南瓜汤稠乎乎的，每个人还分了3个小白面馍、2个大土豆馍。那一顿我们都吃得饱饱的，每个人高兴得就像过年似的。

睡觉时把耳朵塞住

从清沙到王家庄，有一段路是坐船过去的，那也是我生平第一次坐船。下船后走了一天到了王家庄，住在要修的渠段下面一户人家里，睡的是大通铺。

在王家庄干了20多天后，到3月我们转移到了杏树洼。那是一片洼地，因为长满了杏树，所以取名叫杏树洼。我在杏树洼住的时间很长，从3月

住到7月，加上闰六月，总共是大约6个月。

一开始到那里，晚上吃饭时，我们营长就会大声喊："吃完饭睡觉的时候千万要记住拿东西把耳朵塞住。"为什么要把耳朵塞住呢？这要先跟你们说说我们住的工房。说是工房，其实就是在漫坡①里临时搭建的窝棚，四周用石头垒成半人高的围墙，顶上用席子和牛毛毡盖上，再用一张席子与房顶的席子缝在一起，这就是我们房子的"大门"，进出的时候需要把席子从底往上卷。最下方用石头铺平，石头往上依次是茅草、席子、铺的，这就是我们的"床铺"。在这样的工房里睡觉很不方便，房子低，只有半人高，加上席子做成的门，不管进出还是在房里活动都得弯着腰。而这还不是最难的，由于房子的四周都是石头垒成的，石头之间的缝缝也没有用泥糊住，工房里总会有各种虫子。尤其可怕的是蚰蜒，蚰蜒喜欢钻洞，所以我们睡觉的时候都要把耳朵塞住。

小水渠里洗衣服

去修渠，大家都是一腔热血，叫你去你就去，没得商量。我年纪小，胆子可不小，吃住条件不好，我都可以克服。我兼着保健员，工地上磕碰出血是常有的事，我都可以做到冷静包扎处理。但是有件事当时确确实实吓到我了。

在清沙干活的时候，我的棉衣外面罩了一件粗布布衫。穿了一段时间后，上面都是土灰，我就想着找个地方洗一洗。平时干活的时候我就趁摸

---

① 漫坡，坡度平缓、起伏不大的斜坡或山坡。

留意着哪里有水。我发现在清沙村北的一条水渠里有水，有一天趁着晚上下工后拿着衣服去洗了洗。

那时候没有胰子，只用清水简单刷洗了下上面的灰。洗完回到工房，郭建华跟我说："那条渠是人家下面村子吃的水，你去那里洗衣服，把人家的水弄脏了，小心人家知道后打你。"听完她的话我害怕极了，怕人家找上门来，怕被发现后被推搡。当天晚上我的心始终怦怦跳得厉害，以后好几天也感觉像做贼一样，不敢正眼看人。

离开清沙去王家庄后，偶然听见别人说那条渠是浇地用的，不是吃的水，我的心里才好受一些。

抡锤打钎背煤饼

刚到工地上，大家干劲儿都很大，干了一段时间，就听人说，活儿太艰巨了，不容易干。经过盘阳后，看见有很多山崖，很多人身上系着绳子下堑除险，给我印象非常深，真正见识到了活儿不好干。

在工地上，我干过很多活儿，干得比较多的是抡锤打钎、铲土、搬石头、背煤饼。3月的时候，我在王家庄工地上干活，那时候天冷，手被冻伤了，崩了很多裂口，又疼又痒。像这种情况太多了，男女都有，大家也都习惯了，也不涂药。在这种情况下，我每天要扶钎和抡锤。扶钎是一个技术活儿，需要每砸一下，转动一下钢钎，如果掌握不住要领，钎会被砸进石头里，拔不出来。扶钎的时候被铁锤砸伤是常有的事，当然这也不是抡锤的人故意的。我一开始抡锤的时候也因为不熟练砸伤过别人，那时候每个人的手都是肿得老高，一是被冻的，二是被砸的。

在王家庄，有一段时间我们的工地在杏树洼。每天吃完早饭往工地上走，每个人都要顺路背煤饼过去，女人背2块，男人背3块，每块大概有二三十斤。煤饼就是把煤做成一块一块的，用来烧石灰。工地上用的石灰都是土法烧的，烧的时候，先摞一层煤饼，再摞一层石头。在杏树洼，有个叫李真英（音）的人，专门负责在那里烧石灰。

除了抡锤打钎、背煤饼外，其他大多数时间都是在铲土、搬石头。因为工地上大多数活儿都是土方活儿，要不就是跟石头打交道。

▲ 凌空除险　魏德忠摄

穿坏了9双布鞋

在渠上10个月时间，我娘前后给我从家里捎过来的9双布鞋全部被我穿坏了。当我从工地上回到家的时候，我娘就一直问我："你在工地上都是怎么干活儿的呀，怎么就穿破了那么多鞋？"当年我们穿的鞋子都是自己家里做的千层底鞋，如果一直在家干活儿的话，一年都不一定能穿坏一双。

我们村一起去的4个女人都没有我费鞋。因我年纪小比较调皮，不好好走路，喜欢踢着一些小石块走，就特别费鞋。在工地上我还当保健员，负责给干活受外伤的人包扎伤口。特别是刚到王家庄的时候，整天放炮，受伤的人很多。一会儿这里有人磕破了，我就赶紧跑过去包扎。一会儿那里有人摔伤了，我就得赶紧再跑过去。工地上路特别不好走，到处都是石棱子，我着急赶去包扎伤口，也顾不得挑好路，这是我当时穿坏那么多鞋子的一个主要原因。

作为保健员，跟工地上的医生不一样，我毕竟不是专业的，只能处理一些不严重的磕碰外伤。我用的胶布、纱布、消炎药也是去王家庄固定的地方领，领到后用我自己的小布包装起来。每天白天上工的时候随身带着，晚上睡觉的时候就挂在工房的墙上，也不怕有人会拿，实际上也没有人会去拿。

妇女营长刘先萍

刘先萍（音）是妇女营长，也是我在工地上最佩服的女人。有一天我正在工地上干活，突然听见有人喊：出血了，出血了！我赶紧拿着药包往那边跑，发现是刘先萍一只脚的脚后跟出血了，出血的地方有麦粒那么大，汩汩地往外流血。我赶到的时候，她的一只鞋子里已经浸满了血，我赶紧让她坐下，从药包里扯出一大沓纱布，紧紧按在出血的地方，帮她紧急止血，之后我又陪着她到王家庄医院进行治疗。

我佩服她是因为她虽然是营长，但是没有一点儿架子，平时跟我们一样一起出工干活，从没有听她喊过累叫过苦。

在工地上还发生过一件事，现在回想起来都觉得后怕。

咱们都知道李改云舍身救人的英勇事迹，她的确很伟大，其实在修渠工地上，跟她一样伟大的人是非常多的，刘先萍就是一个例子。有一次，大家都在工地上干活，突然一块石头滚落下来，正朝着刘拴娥砸过去，旁边的刘先萍眼疾手快，赶紧拉了她一把。她往旁边一倒，石头正好经过她刚才站的地方。要不是刘先萍拉她一把，她估计就不在了，虽然她得救了，但是一条腿被石头砸歪了，送去医院正了骨。她的腿虽然保住了，但留下了后遗症，不能弯曲，之后的日子里都没有办法蹲下去。

刘先萍之前出血后身体一直不好，但她在减员后也一直坚持在工地上，没有回家。渠修成之后，她被诊断为白血病，很年轻就不在了，非常可惜。

英雄民工刘明生

在工地上，磕磕碰碰是家常便饭，牺牲也是会有的。我们村有个人叫刘明生，他是我表姐夫，去修渠之前当过兵，在渠上也是一把好手，做事大胆。我们村的人在老虎嘴工地干活的时候，他负责绞空运线。

闰六月十六那一天，他看到空运线上的钢筋松了，钢筋松了之后运东西就比较吃力。于是刘明生就想把钢筋绑紧一点儿，正在他紧钢筋的时候，钢筋突然断了，空运线上的渣土一下子朝他倒了下去。他当时站在一个斜坡上，一时间他的身体就混在渣土里一路往下滑，滑的过程中连带着路边的石块也一起卷了进去。等到停下来后，我们赶紧跑过去看，他当场就不行了。那一年他27岁，还没有见过他刚出生的女儿就走了。

那一天我们村的人心情都难受得不得了，很多人晚饭也吃不下去，回到工房也是一句话都没有说。

多想再去看看红旗渠

1960年，农历十月初十，我们村减员的人回家了。那一天我们从卢家拐坐车直接到了临淇，当天正好是临淇的集会，很热闹。到了临淇后我们结伴步行回到家。

之后的生活就是普通老百姓的生活了，2002年我查出了食道癌，2003年孩子们带我去广州做了手术，到现在已经快20年了。有过这次经历之后，我的心也更宽了，更愿意去享受生活了。你们看我院子里的这么多花，还有种的菜，都是我闲着没事弄的，也算是给自己找个事儿干，让生活更有意思一些。

（整理人　郝淑静）

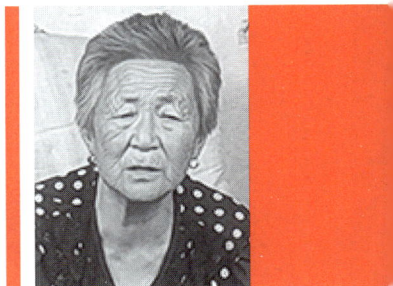

王改娥

"我和父亲一起修建红旗渠"

讲述人	王改娥
时　间	2022年7月27日
地　点	林州市五龙镇七峪村

人物简介

　　王改娥，女，1941年10月出生，林州市五龙镇七峪村人。1958年参与要街水库修建。红旗渠动工后，她和父亲一起在泽下公社负责的西老虎嘴段施工。两人在渠上吃苦耐劳、认真工作，为修渠出力流汗作贡献。

姐妹二人修建要街水库

我叫王改娥，今年82岁。家里姊妹八个，我排行老二。我自幼家庭非常贫困，家里没有耕地，全家老小缺吃少穿，全靠爷爷做黄纸生意养活一大家。解放前，林县好多人逃荒到山西，我也被父亲挑着去山西逃过荒。我在村里的小学上过一个月三年级，还是和弟弟妹妹轮流上学，他们上半天，我上半天。到该上四年级的时候，因为交不起学费，就不再去学校。

对于贫困的家庭，爷爷奶奶也是想尽办法养家糊口。当时他们给家里人分棉花，每个人分半斤，我母亲织织纺纺卖了布，换了钱后，再买来棉花，织布卖布，循环往复，算是有点微薄的收入。

1958年，我和姐姐（王炳娥）参加了要街水库的修建。因为家里穷，去的时候我们俩带了一个铺盖。这个铺盖还是我们生产队长刘福林（音）从隔壁邻居家找来的。当时，我和姐姐主要负责担土，这是个力气活，一天要往返十几趟。指挥部对于工作量有规定，完成后，才可以下工回去休息。如果担不够，不让吃饭，直到担够为止。我和姐姐最高兴的事，就是母亲有时候会从家里食堂带点红薯来看我们。我和姐姐在要街水库干了三个月。

我和父亲去修渠

引漳入林动工后，大队安排我父亲去修渠。村里原本打算让我在村里当妇女队长，但生产队长刘福林安排让我也去修渠。于是，我和父亲一起走上了工地。

因为家里穷，我和父亲两人干粮、铺盖都没带，换洗衣服、鞋也没带。当时我们队里一共去了两名妇女，我是其中之一。大家都是步行去，也不觉得累。走了很久到了任村公社桑耳庄，就在那里住下了。在桑耳庄干了一段时间，我们又移到山西省平顺县。

当时我们泽下公社在西老虎嘴施工段劳动，在那干了三个多月。我们每天的工作是担水、打钎扶钎、抽石头。担水就像在要街水库一样有要求，而且有人管发工票，担不够不中。大多数时间是在打钎扶钎，石头比较硬，打的时候很费力气，扶钎震得手比较疼。当时没有手套，也没有柳帽，只有垫肩，没有保护意识。放炮过后，碎石比较多，石头有大有小，散落一地，我们都是用手把石头抽到河滩边。小块的石头，装到筐子里，再挑走。

工地领导会时不时地过来查看，见我们哪里做得不对，或者不熟练，就现场做示范，指导我们。在渠上，听到最多的是杨贵书记的名字，经常见到的是马兰营连长王磨妞，他当时主要负责除险。

父亲被钢钎打掉了牙

那时候，天不亮就得起身去工地。在工地上劳动比较累，每天最期盼的就是看到送饭师傅用砂锅提着饭来到工地。他们过来后，我们就可以边吃饭边休息。当时条件不好，从国家到县里都困难，大部分吃的是稀小米饭，白色，没什么味道，而且也吃不太饱。有时候根本支撑不到下一顿饭。有些人瘦得走路都困难，小木桶也提不动，下工回住的地方，都是上坡，比较费力气，大家几乎不交流。当时吃饭，我自己带了一个碗，送饭的师傅直接把饭扣在碗里，工地上有两个老人担心碗被打碎，就没有带碗。送饭师傅就直接把饭扣在小石板上，他们就着小石板吃。吃完后，小石板也舍不得扔，留着下次吃饭再用。由于缺水，碗基本上也没有洗过。当时送饭师傅都是老实人，没有偷吃现象，大家很信赖他们。

上渠之前，母亲没有给父亲缝完手绢，到渠上后，我就利用下工时间，学着给父亲缝完了。父亲当年40多岁，每天在石窝里劳动，很费鞋，鞋破了，他就自己缝一缝。我们没有带换洗的衣服，修渠中几乎没有洗过衣服，也很少洗头。头发脏得不行时，就去河边用水冲一冲。当时，我都不知道什么是洗衣粉和洗头水。

有一次，父亲在撬石头时，被钢钎打掉了牙，比较严重。上下牙齿基本都被打掉了，饭都不能吃。我看到时，被吓哭了。就这样，父亲也没有回家休息，依然坚持继续修渠。我和父亲在渠上，碰面的机会不是很多，大家都在不同的工地劳动。红旗渠建成后，父亲因为身体原因，早早离开了我们。

（整理人　李　玲）

李秋芹

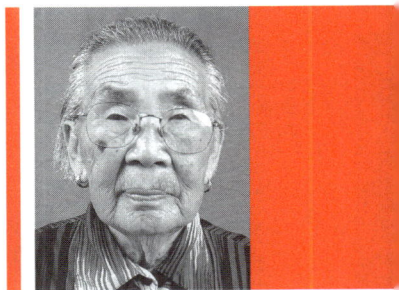

"再苦再累也要坚持修渠"

⊗ **讲 述 人** 李秋芹

🕓 **时　　间** 2022 年 7 月 28 日

📍 **地　　点** 林州市河顺镇东马安村

人物简介

　　李秋芹，女，1938 年 10 月出生，林州市河顺镇东马安村人。1960 年正月，她和村里人一块儿去山西修渠，先是在工地上修路，后来又在红旗渠工地上负责抬筐、搬石头、扶钢钎、看管空运线等。不管生活条件多么艰苦，她都毫不退缩坚持修渠。

修渠前的苦难生活

我叫李秋芹，今年85岁，娘家是河顺镇井上村的，18岁的时候出嫁到了河顺镇东马安村。我父亲在我3岁时就去世了，剩下母亲、哥哥、姐姐和我四个人相依为命。可以说，母亲一手辛苦拉扯大我们三个。

以前我们家是中农，后来土地被收走之后，生活过得非常艰辛。生活最艰苦的时候，我和哥哥姐姐都不得不出去要饭。哥哥姐姐年龄大了，不好意思去讨饭，我年龄还比较小，所以一般都是我去要饭。我还记得，要是哪天我要的饭比较多的话，我快到家门口的时候就开心地大喊"妈"。相反，就会不吭声悄悄回去。那时候我大概也就是八九岁的样子。后来母亲和姐姐就在家里为村里的人纺花，纺一斤花，能够换三斤粮食。

过去我们吃水都是去井上村打水，那边有几口大井，"井上"因此而得名。好多邻村也是走几里地来这里挑水吃，非常不容易。出嫁后，吃水就到了东马安村，我们这边山沟里边好多村子也都要走很远的路来这挑水吃，全靠这口井过日子。

寻水走上修渠之路

我出嫁到东马安村之后，一开始，我在大队一个裁缝铺里边负责为村民们缝补衣服。后来又在家里边种地，负责往地里送羊粪。那个时候每车羊粪还要上秤，送得少了还不行。

我为什么会去修渠？主要是当时各大队小队都要抽人上去，村里一个当老师的也跟我说："你刚结婚还没有孩子，也没啥大的负担，去修渠

吧。"最后大队果然让我去。虽然心里边一开始不是很愿意去，但是领导抽到了我，我还有啥讲究呢？我们东马安村一共有四个小队，我是第二小队，属于前庄村大队。当时我们裁缝铺一共抽了3个人，还有前庄村两个人，具体叫啥我记不清了。我只记得一个叫改芹（音），一个叫改香（音）。我们队去修渠的男的也比较少，因为村里大部分人都被抽调去盖大楼了。我丈夫叫李来的，当时他就是忙于参与盖大楼。后来，他也参与了修渠。但是因为种种原因，只在渠上待了很短的时间。我记得我们队一共有十几个人，队长叫李奇清（音），他自己为了带头做榜样，让自己的两个闺女，一个叫李淑莲（音）、一个叫李月莲（音）都去修红旗渠了。她们年龄当时跟我差不多，也就20岁刚出头的样子。队伍里还有小脚妇女，光我们村就有3个。有一个叫杨莫仙，因为小队人数不够，所以也让她去了。因为小脚，她们走路非常慢。她们主要在渠上负责缝补衣服、鞋子等工作。

刚准备去的时候领导告诉我们说，等修好了红旗渠，大家都坐着船回来。但是具体多长时间也没有说，心想反正有领导带着，跟着领导走总没有错。

我是1960年农历正月初四出发的。我自己带了被子和褥子，带了修渠的工具，带了两双鞋。因为通往山上的路比较狭窄，到达目的地先是安排好住宿，我们十几个人住了一间房。

在工地上，我负责修路抬土筐，主要是拓宽盘阳段的小路，为以后车辆运输物资做准备。一开始我们去工地，漳河上没有桥，我们也不敢走天桥。但是要到住宿的地方，必须经过漳河。我们就手拉手从一个四五十公分宽的木板上走过去，大家都非常害怕，因为一不小心掉下去肯定是粉身碎骨。

渠上的艰苦岁月

修路的时候，我们早晚吃的是小米稠饭，中午我们在那就吃红薯糠。因为是大年初四，天气非常冷，红薯糠冻得很硬，根本咬不动，咽不下去。但是做了一天活，早就饿得前胸贴后背了。于是我们就自己找来柴火生一堆火，然后把红薯糠扔到火里边烤一下。那时候也没有啥卫生条件，烤热了从火里边捡起来拍拍上边的炭灰和泥巴就往嘴里送。

我修了20多天路，修通后，我又转移到山西段谷堆寺附近开始修渠。刚到那我负责搬石头、出石渣，手上都磨出了鲜血。但是为了不耽误干活，还是得咬牙坚持着。后来我用五毛钱让别人从工地上的供销社给我捎了一副手套，干活才好受点。说到这五毛钱，还是我哥哥来工地上看我时给的。因为我嫂子也在工地上干活，我嫂子叫李娇珍，那时候30多岁。我哥哥来看我们，专门给了我两块钱。后来我母亲带着小孙子一起去北京找我哥了，剩我嫂子一人在家。

我嫂子当时在平顺县白杨洼村子附近住，住的是窑洞，条件稍微比我好一点。而我住的是田间地头的岸边，搭个非常简易的茅草棚子。整个宿舍就是顺着岸边

▲ 航拍总干渠　魏德忠摄

搭两个钢管，上边铺上干草，下边也是铺上干草，两边简单挂个床单，我们的宿舍就建好了。晴天还好点，一到下雨天，我们的被子和褥子都被淋湿了，水根本流不出去，我们又在地上挖了浅沟，专门用来排水。被子被淋湿了只能凑合，因为平时都在工地上，也没时间晒。晚上睡觉没有灯，虫子也非常多，我们害怕睡觉虫子爬到耳朵里，睡觉的时候还不得不从棉衣上拽点棉花塞到耳朵里边，才能安心地睡觉。

当时我们吃的粮食主要是家里的，我们队里有人专门负责送粮食，我只记得他名字叫伏生（音），是一个十七八岁的小伙子。每次送的也主要是红薯面、红薯叶、玉米面还有小米。早上我们一般吃小米稠饭，小米饭配干豆角、萝卜丝，中午吃红薯糠，晚上也是小米稠饭。大约一周会改善一下伙食，我们会吃白面的花卷，大家都是排队来领取，花卷不给一整个，喝一碗稀饭，给你一片薄薄的花卷，也就手掌那么大。当时，我都会吃一点，再留下来一点，尽管还没吃饱，但是又舍不得吃完。平时喝水的话因为工地上用水不方便，我渴了就喝漳河水。在工地上，因为没有水，别说洗脸水洗澡水了，就连吃的水都是去漳河里边挑水。因为上下漳河也不方便，住的地方离漳河比较远，大家十几个人共用一个小洗脸盆，也没有镜子，所以大家几乎是十几天才洗一次头。身上的棉袄也都被太行山上的石英砂岩染成了红色。当时天气也冷，因为没有任何保护措施，脚上有很多冻疮，哪里像现在有涂抹的防冻疮膏霜，都是硬顶。

一只眼睛受了伤

在工地上，我除了凷石渣之外，后来也扶过钢钎、看管过空运线。刚开始接触打钎，我也不会，后来打得多了才慢慢好一点。扶钎也需要技巧，如果你两只手不及时转动钢钎的话，时间稍微一长，就会嵌到坚硬的石头上，拔也拔不出来，非常耽误工夫。前庄大队打钎排名比较靠前，我们参加了公社组织的打擂比赛，哪里进度比较缓慢，我们就去哪里打擂。当时，工地上有专门的光荣榜，我们经常被表扬。排到后边的人自己也觉得丢人。

我的一只眼睛就是当时扶钎时不小心被石渣伤到，留下了后遗症，现在眼睛看不清东西。但是，一想到城关公社那么多的兄弟姐妹都因为修渠而牺牲了年轻宝贵的生命，自己这点伤又算得了啥？第二次让撤人的时候，我就因为眼角的伤，回来了。因为要在半山腰上修渠，但是山上没有水、没有沙子、没有石灰，这些都要从下边运上来。当时，为了节省人力，所以架起了空运线。我负责看管空运线时，腰上缠着一根很粗的绳子，站在悬崖边，下边就是汹涌的漳河水，等到下边装着货物的帆布桶上来之后，我就负责换钩子，摘下重的，换上轻的。

空运线：红旗渠山地施工中民工发明的架空索道。用于由低处向高处运送物料。

哥哥给我的两块钱，我在工地上买手套花了五毛，剩下的自己舍不得花，又带回来了。我婆婆也曾经去看过我，那时候家里边养了两只小柴鸡，她给我送了6个鸡蛋，还有一升以前剩下的黄豆，炸过之后拿给我吃，现在想想内心都非常感动。

（整理人　郭晓明）

孙梅先

"工地上的女炮手"

⊗ 讲 述 人　孙梅先
○ 时　　间　2022 年 8 月 1 日
⊙ 地　　点　林州市横水镇桥东村

人物简介

　　孙梅先，女，1938 年 12 月出生，林州市横水镇桥东村人，曾参与过英雄渠、弓上水库建设。1960 年修渠时，她还在娘家小横水村。参与了红旗渠工程山西省石城段建设，在渠上担任过炮手，还打过钎、帮过厨。有一次点炮遇险，差点丧了命。

在山西出生的林县人

我叫孙梅先，今年85岁，1938年12月25日出生于山西省临汾市岳阳县（今山西省临汾市安泽县）。

我家里姊妹三个，我是老二，有一个姐姐，一个兄弟。娘家是林州市横水镇小横水村的。过去家里很穷，在我还没出生之前，我的父母就逃荒到了山西临汾的岳阳县生活，我算是出生在山西的林县人。

林县解放后，在全县实行土地改革。这时候，老家有人就给父亲联系上了，说家里要分房子分地，问父亲愿意不愿意回家。就这样，父亲带着全家几口就回来林县生活了。

万人渠上学点炮

回到林县后，虽然有了房子、土地，开始种上了粮食，但家里还是比较穷，记忆中也是一直没钱、没啥吃。于是，我和俺娘、俺姐三人除了种地外，就去给别人纺花，一天大约纺一斤花，然后换8斤小米，供全家吃饭。

1958年，村里合食堂。也就是那个时候，我第一次参加了林县的水利建设，修建村附近的小引水渠万人渠。在渠上，分配我当炮手。刚开始，我不会点炮，也不敢点炮，我们村的于天伏（音）就负责教我。点了几次之后，渐渐就习惯了，胆子也变大了，大炮、小炮，快捻儿、慢捻儿都敢点。就这样，我在万人渠上学会了点炮。

弓上水库当模范

1958年冬天，我参与了弓上水库建设。让我去时中间还有一段儿小插由。本来该父亲去的，结果父亲用驴驮煤的时候，不小心砸住脚，走不了路，没法上渠。当时俺姐也出嫁了，兄弟还小，只有我没结婚，年龄也行，所以家里就让我替父去修建弓上水库。

▲ 点炮　河南红旗渠干部学院供图

说让我去我就去，我也闲不住，从来不怕苦、不怕累，一说替家人去干活儿劳动，我也愿意去。就这样我们小横水村的六七个人就一起上了弓上水库。在弓上水库，我主要还是点炮，炮手是个危险活儿，但是相对来说，比其他活儿轻巧。通常上午装装炸药，快下工的时候，一点就行了，不是很累。我这个人闲不住，所以经常去帮助别人打钎。在工地上，大家都很喜欢我，特别是有的干活慢的同志，光待见（待见：愿意，喜欢的意思）让我去支援他们。

时间长了，大家都知道我热心、能干，慢慢儿也就传开了，我也因此成了工地上的先进模范。有一天，听到同村的都在议论，说我："你上了宣传栏了，知道不知道？"我赶紧跑过去看了看，果然宣传栏上贴了一幅漫画模范像儿，画的正是我在打钎的场景。

抢锤打钎有技巧

让我上宣传栏当模范，除了我热心帮助别人外，和自己抢锤打钎的方法也有关。大多数女民工在工地上打钎子是拿着锤子就钎打钎，那样既费力，也砸不动，而且还非常容易砸到扶钎人的手。我右手大拇指就是有一次给她们扶钢钎的时候被砸到了，到现在大拇指还伸不直。我打钎的时候和她们不一样，我是拿着锤子从肩膀后面绕一圈再砸钎子，这样既省劲儿、力气大，干活儿还快。工地领导也见过我打钎，还夸我："这个打钎的可不瓢，你得教教她们怎么打钎。"后来领导还把我的事迹报给了工地的广播员，让广播员宣传广播。领导叫不上我的名字，光知道小横水村一个女的，干活儿可操心了，大家都要向她学习。大家私下还偷偷议论，说这表扬的是谁？我心里知道，说的是我。所以在出力这方面，我自认为不比男人出力少。

红旗渠上险丧命

1960年3月，弓上水库的活儿干得差不多了，我就和我们村的于雷英（音）一起被抽到红旗渠工地上了。当时去的是山西省石城段工地。到那之后，杨春山（音）是我们的连长，我主要还是负责点炮，于雷英负责在伙房做饭。连长看我们两个小姑娘一直在一起，也心疼我们，就让我和于雷英住在一起，我白天去点炮，晚上回来，有时候我不忙的时候，也在伙房帮帮厨。

有一次上工点炮，经常和我搭班儿的炮手请假了。领导于天伏到工地一看，说今天人少炮多，再找个人来一起点炮，结果找了个新手。让新手点，也没给他交代清楚点慢捻儿还是快捻儿，他上来就开始点了。当时他

从南边往北边点，我从北边往南边点，我还在点着慢捻儿，他从南边点了快捻儿就跑了。我一看，吓坏了，这时候炮响了，躲也来不及了，抬头往天上一看，石头被炸得散了一天。我心想，完了完了，这次可没命了。结果石头落下来，正好没砸到我，大家都说我捡了条命。

红旗渠上好姻缘

其实在红旗渠工地上，我去的时间并不算长，1960年3月上渠，大概冬天就回来了。尽管只有几个月的时间，但是也见证了渠上一段儿好姻缘，就是工地连长杨春山和我们村的于雷英。

当时连长杨春山已经30多岁了，一直没有结婚，比于雷英大10多岁。他在渠上一直照顾于雷英，让她在伙房做饭。于雷英这个人性格比较内向，不好多说啥，平时也不跟别人多接触，所以对杨春山也就产生了好感，久而久之两人就产生了感情，成了渠上一段儿姻缘。杨春山性格外向，在工地上，还和山西石城当地的一个人结拜了朋友。杨春山和于雷英结婚后不久，于雷英就怀孕了，可以说是喜事连连。所以杨春山后来逢人就说："修了修红旗渠，我得了三件喜事，娶了一个媳妇儿、拜了一个朋友，还得了一个儿子。"

其实在渠上要说出力也真出力了，但是具体说自己作了多大贡献好像也没有，就是听党号召，让咱干啥咱干啥。修成红旗渠后，日子越来越好了，孩子们也孝顺，孙子孙女也懂事。孙女学习好，现在也保送了研究生，马上9月开学。一家人和和美美很知足，也很幸福！

（整理人　李柯凝）

周风菊

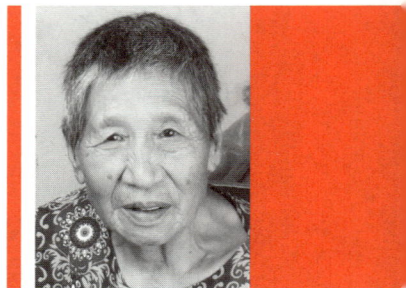

"这条渠一定能修成"

⊗ **讲 述 人**　周风菊

🕐 **时　　间**　2022年8月4日

📍 **地　　点**　林州市东姚镇下郊村桃园自然村

人物简介

　　周风菊，女，1940年1月出生，林州市东姚镇下郊村人。1960年正月十六，她接到白象井大队通知后，到渠首所在地——山西省平顺县石城公社参加"引漳入林"工程。在工地上，她主要负责抬石头、打炮眼等工作。

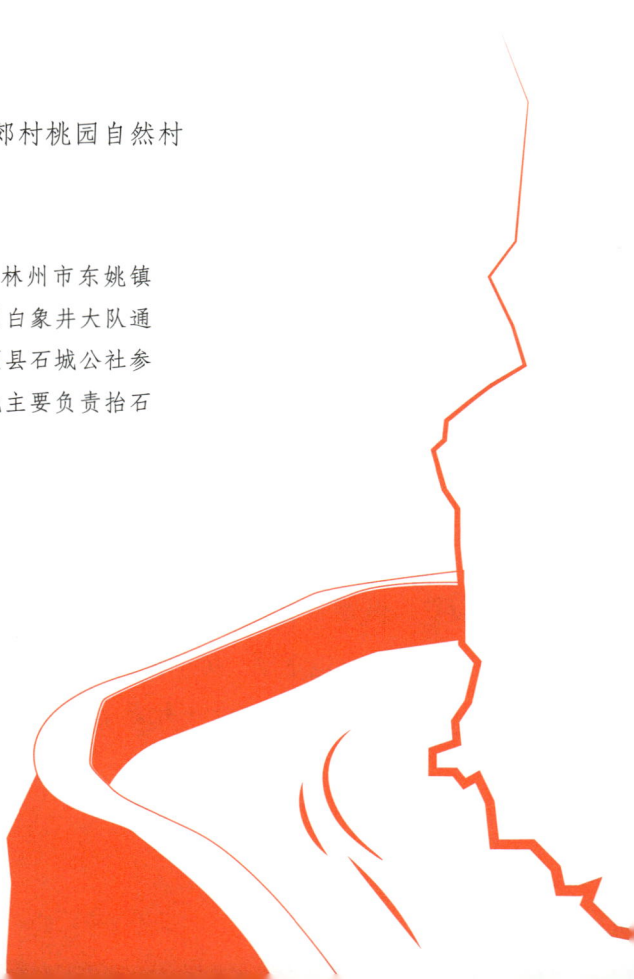

逃过荒、要过饭

我叫周风菊，1940年出生，今年83岁。我娘家在东姚镇白象井村周家岗自然村，在家里我排老二，有一个哥哥和一个妹妹。23岁的时候，我嫁到了东姚镇下郊村桃园村，生了四个孩子，两儿两女。

家里的老伴儿没得早，孩子们陆续长大成家后，就只有我一个人在这儿住了。两个儿子现在已经在外地定居了，两个女儿也都成家。孩子们都很孝顺，现在女儿们会经常把我接过去和她们一起住两天。

在我还小的时候，家里不富裕，我爹兄弟三个都是农民，他是家里的老小。我记得很清楚，在我四五岁的时候，家人就带我逃荒去了，甚至有的时候会饿得走不动，趴在地上没力气动，需要向别人要饭过活。碰到一户人家就问问他们"有哈吃的没"？当时因为妹妹还小，哥哥又长大了不好意思，所以一般都是我去问别人要。有一次我记得特别清楚，当时正在闹蝗灾，地里本来就不多的粮食都被蚂蚱吃完了，我娘就只能让我们吃蚂蚱，我们几个吓得直哭。她看着孩子们受罪，心里也不好受，见我们不肯吃，就说："不吃就只能饿死了，赶紧吃吧。"为了活命，我们还是吃了蚂蚱。

后来情况有所好转，哥哥和妹妹都上了学、读了书，学了知识、有了文化。但是一家兄妹三个，总要有人留下来照顾家里。所以我从小没上过一天学，一个字也不认识，现在让我写自己的名字我也写不出。哥哥后来考上了大学，定居在了新乡，当上了干部。

步行100多里到工地

从18岁开始，我就出去劳动了，搞过钢铁、烧过洋灰、修过渠。

在普遍缺水的林县，白象井当时并不那么缺水。我们当时流传这样的民谣："上到椿树岭，瞧见白象井，一溜十三村，二十四眼活水井。"当时我们那儿可是有着二十四眼的井水可以吃呢。

1960年，刚过了正月十五，我们就出发往修渠工地走。不巧的是，那会儿我娘刚摔了腿，躺在床上正缺人照顾，队里就来了消息，让我去修渠。当时我心里十分纠结，我爹没得早，在我小时候他就患上了胃病，严重的时候会吐血、拉血。哥哥和妹妹上学去了，家里就只有我一个人能去修渠了。一方面是觉得，要去离家这么远的地方修渠，肯定不能经常回家，摔伤腿的老娘就没人照顾。另一方面，又觉得修渠这件事关系到全县老百姓的吃水问题。我娘告诉我，咱不能说咱自己不缺水吃，就不去帮忙，该去还得去。第二天天没亮，我就跟着队伍出发了。出发前，我们带了干粮，队里也给我们烙了饼。

我们村里算上我有三个姑娘都去修渠了，除了我以外还有小海、保娣（音）。她们比我大一两岁，可惜现在都不在了。为了精简行李，我们几个姑娘还商量好，铺盖都分开拿，你拿被子，我拿铺的，到时候一起伙着用。不然这么远的路程，光这些行李都要"累死人"。当时我们从村里出发步行往工地走，走到半路脚就已经磨得都是燎泡了。我扛着一根钎，带着碗和一个玻璃瓶做水杯，还有换洗的衣服。后来这个水瓶在干活儿的时候不小心打碎了，就只能和身边的伙伴一起喝水。

出发时人们都排着队伍，但渐渐地有人因为体力跟不上而掉队。我们连长马章义（音）在路上也一直给我们鼓劲儿。就这样我们走了100多里

地，在半夜里赶黑到了住地。

真拿石头没办法

开工之后，我在工地上先是学着跟大家一起打炮眼，没多久又开始搬石头、拣石头，负责将施工场地的杂物清理出来。我们就用搬的法子，等到晚上黑得看不见又没有灯的时候，我们就每隔一段距离站一个人，用传送的方法一个一个地把石头传过去，扔到漳河里。

说起这些石头，真是拿它们没办法。炮眼被炸开之后，到处都是碎石头。因为漳河边的地势十分险峻，没有小推车可以用，所以一些大的石头就只能自己抬走，细碎的石头就得装到抬筐里背过去。因为抬石头，不知道磨破了多少衣服，能补的时候就补一补，到后来实在是不能再补了，就只能换一件衣服穿了。当时正是开春，山上风大又刺骨，大家都用方巾捂着头，这样既可以防风沙又可以保暖。

在工地上，我也抡过锤、打过钎。不过一开始我也不会干这活儿，是其他工友教会我的——锤子每砸一次，钎就得动一下。他们还教我们怎样抡锤才不会砸到别人，又不会震坏自己的手。但姑娘的力气总比不过小伙子，所以工地上一般都是男的打钎女的扶钎。这可不是一件容易的事儿，不管是打钎的还是扶钎的，都不可避免地会受伤。当时我们的手上都是裂开的口子，除了被震的、打到的，还有因为天冷冻出的冻疮。按道理说，冻疮得多用热水泡、多洗一下才会缓解。但是因为工地上的热水有限，大家便只能到卫生员那里上点儿药。等到再开始抡锤打钎的时候，就用旧衣服裹着手，但手上的口子还是会随着干活儿越来越多，越来越疼。

▲ 凤凰双展翅　魏德忠摄

因为天冷，不少人脚上也都是（冻疮）口子。不过，我的脚比起手来还是挺结实的，没有过冻疮。

要说我们在工地上干活儿苦不苦？是真的苦。当时没有卖鞋的，都是自己做鞋。每天在工地上走来走去，都是坑坑洼洼的路，出发时拿过去的两双鞋子最后都磨得不成样子了。在工地上，我们5~7个人住一个窑洞。用烂干草铺底，再铺上自己的褥子，这就是床了。

工地上的姑娘，一开始总有因为想家哭鼻子的。但时间久了也就不想家了。

这条渠一定能修成

出发前，因为不知道多久才会回来，我娘给我身上装了不到20块钱，这在当时已经不算少了。我拿着这笔钱在身上就怕哪天不小心给丢了，于是小心翼翼地放在了自己做的布兜子里的一个小侧兜中，不敢让它离手，等到干活儿的时候就放在褥子下面。

到了工地上，这钱还真派上了用场。当时年龄还小，正是注意自己相貌的时候，那会儿还没有什么刷牙、抹脸的东西，我们都是去当地的供销社买洗衣粉、洗头膏，偶尔对着从家里揣过来巴掌大小的镜子照照，就已经觉得心里可美了。

说到这里，我就想起来一件有意思的事。下工后，我们队上的姑娘们经常在漳河边洗衣服，慢慢就知道了漳河啥时候涨水——当你听见呼呼大风的时候，就得抱着衣服赶紧跑，因为没过多久水就会变大，那个时候就会很危险。当时，有好几次我们都是洗了一半突然发现水要涨了，根本顾不上衣服洗没洗完。

偶尔吃到白面馍、面条、小米稠饭这些东西，那就算是给我们改善伙食了。平常的话，大家都是吃南瓜、茄子和红薯叶。有的时候吃的不够了，我们就只能去地里挖苋菜这类野菜来吃。

在工地上，大家都是天一亮就吃饭上工，等到天黑得看不见人之后才下工。一开始，我每天累得都抬不起胳膊，下工之后只想待在窑洞里歇着。我甚至在想，这么大一个工程，到底什么时候才能修完？还有没有盼头了？但渐渐地，我们几个姑娘吃完饭后会一起洗衣服、洗头，没事的时候就说说闲话唠唠家常，晚上冷的时候还能围在一起烘火。等到白天一上工，大家又是一身的干劲儿，你追我赶地做活。我就突然感觉，工地上也没什么不好的，至少大家都在一起还能热热闹闹的，要是再等到这条渠修成了，把水引到大家的家门口，那就更好了。当时我心里想的就是，这条渠一定能修成。

难忘当年修渠人

修渠是一件艰难又危险的事情，只有亲身经历过的人会更有感触。当时修渠的时候，我就见过、听过很多感人的事情。

　　修渠的第一任总指挥长周绍先就是我们周家岗的老乡。他来到工地上看望我们大队的人，问我们干活儿累不累，并且最后反复叮嘱我们："干活儿的时候一定得注意安全！"后来还听说他后来累到吐血过，真是不容易。

　　当时一起修渠的每一个人都很勇敢，大家为了把水从山西引到林县来，都在拼了命干活。我们工段上的炮手，每一次点炮前都会扯着嗓子大喊："大家赶紧跑！找地方躲躲！"我们大家听见了就赶紧到处躲，边躲还边给身边没听到的人喊，让大家都躲起来，躲到窑洞里或者更安全、更远的地方。我们也很担心炮手，他们离得这么近，一不小心就可能会有危险。真得向他们好好学习学习。

　　我还记得有一次晚上睡觉，就听见外面有哭声。当时心想可能是谁又想家了，就起身过去看看，想着谁都有想家的时候，大家一起多安慰安慰也就没那么难过了。一走出窑洞就给我吓坏了，我看见一个小伙儿捂着流血的头在哭，一问才知道是他出来解手，被掉下来的石头在脑袋上砸了一个大窟窿。我们赶紧去找队长，带着他去处理了伤口。

　　当时有一个妇女营长，已经记不起她叫什么名字。她和我们一起吃、一起住，十分关心我们。她会问我们想不想家、累不累，给我们的感觉十分亲切，姑娘们遇到困难都会找她。比如，那会儿姑娘们要是来例假不舒服了，都会向妇女营长请假。但大家请假的时候也不多，除非生病了起不来，不然看大家每个人都这么累，自己却躲懒，总觉得心里过意不去。

　　在工地上待了有几个月，有一天队里领导点了几个名字，说我们几个人可以回去了，我们就从石城回家了。那时候天已经暖和起来了，大约在五六月吧。当时，工地上的壕已经挖成了，但石头还没开始垒。我们又从石城往家里走，又是漫长的一段距离，途中实在累得不行，天黑后，我们就近找了一个村，问一户人家要了点儿红薯叶饭吃饱肚子，晚上在他家打地铺睡了一觉，第二天醒来才继续赶路。

现如今，红旗渠已经修成快60年了。我从20岁小姑娘变成了80多岁的老太婆，好多事也记不清了。但我知道大家都在宣传红旗渠，也听说过你们采访过我们这里其他的修渠人。可惜的是，后来我再也没有去过我修过渠的地方，没有亲眼看看这条渠到底是个什么样子。如果有机会，我可得去看看这条伟大的渠。

（整理人　齐若惟）

刘焕云

"18岁就上了修渠工地"

&#9credits; **讲 述 人** 刘焕云

&#9clock; **时　　间** 2022 年 8 月 8 日

&#9location; **地　　点** 林州市姚村镇下里街村

人物简介

　　刘焕云，女，1942 年 5 月出生，林州市姚村镇下里街村人。1960 年正月，到山西省平顺县东庄修渠，后到王家庄修渠，在工地上主要负责推土、扶钎和搬石头。

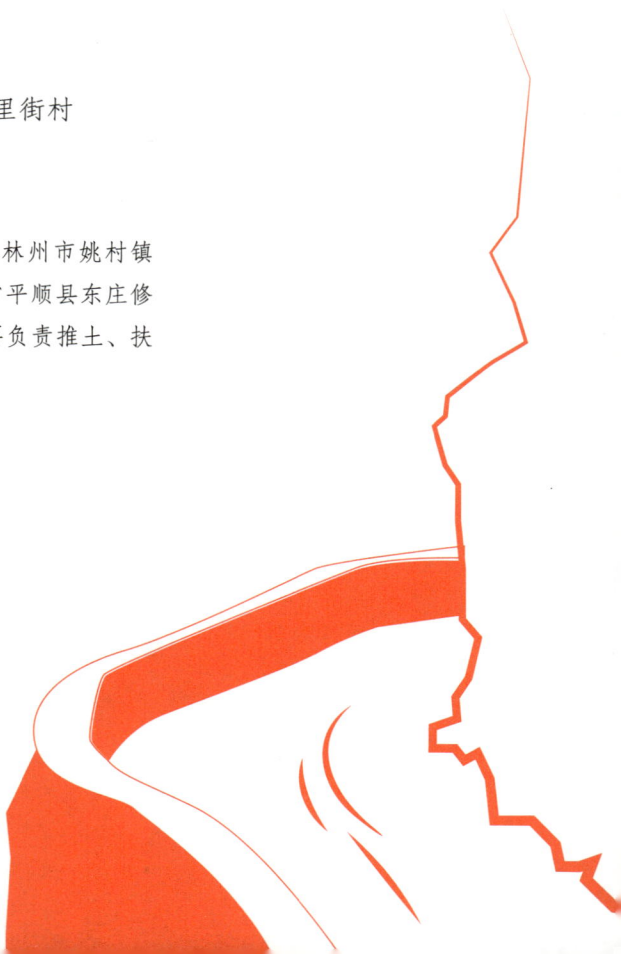

我参加了大炼钢铁

我叫刘焕云，娘家是下里街村的。家有姊妹六个，两个男孩，我是家里老大。

我12岁才开始上学，上了两三个月。后来，为了给家里分担一些责任，我还学会了纺花和织布。

1958年8月，我16岁，就去搞钢铁了。那个时候交通不便，去搞钢铁得走山路。我走在山间的小窄路上，刚开始的时候山很高，看不到天，往上走着走着发现天变成了"圆圈"，再走着走着发现天变大了。我先到陈家营搞钢铁，一开始砸石头，后来背石头，白天黑夜背石头，得背80斤。刚开始背石头不用秤称，停了一段时间就得过秤称了。后来，我也去过王家垴背矿石。

炼铁需要烧大量木炭，我们就到任村公社石柱村砍树烧木炭。我们住在石柱村，拿着斧头上山去砍树，再锯成一截一截背回来，放进烧石灰的窑里面。

我们有时候也住在山里面，山尖冷得很。我们就找一些树枝来烧取暖。有些人不知道核桃木不能烧，因为烧核桃木往往噼里啪啦炸出火星，常常烧了被子。

修建弓上水库

1959年7月，我来到了弓上水库工地，整天推土垫坝基。人们挖开山上的土，用小推车推到大坝基底，垫土。男人们负责推车，女人们负责拉车。我年龄小抓不住车子，管拉车。往下推是"沉车"，就是说从高处把车推到大坝基底的斜坡上，需要两人用绳子拴在车子后面拽着，一人扶车，避免下坡的惯性带翻推车。到大坝基底，把一车土倒掉之后，再往上推。上坡的时候，空车也不好推，仍需要两个人拉车。这时候，变成两个人在前面拉着，一人在后面推着车子。

我们住在弓上水库旁边的工棚，里面中间留出一定空隙，方便走路，两边躺人。当时吃的就是过了粉的红薯渣子掺和着玉米面。

冬天的时候，我娘给我缝了新裤子，就在弓上水库到坝基上这两三里地，一直来回走，就把裤子内侧磨得都破开了。

我在弓上水库干了有半年时间，腊月二十六七工地放假才让回家。施家岗村有个女的跟我关系不错，比我大一岁，叫婷芝（音），她屁股上生了一个疮，疮比较大，回不了家。她跟我说："你别回去了。"我就跟她在工地过了一个年。

婚后4天就上了修渠工地

我在1960年正月十二结了婚。正月十六，我从婆家出发，上了修渠工地。早上，我们背着铺盖出发，要步行到山西省平顺县东庄村。我听说焦家屯年轻妇女还能一人骑着毛驴，毛驴驮着行李，而我们只能步行背着行李出发。

我们走到任村，吃了点饭，天就黑了。这里没有地方睡觉，我们就继续往前走。深夜，到了阳耳庄，我们就迷了路。大家没有手电筒，全靠月亮，走着走着见一个人问问路，再见一个人问问路，就这样在河沟里来回走了四个小时。

▲　小推车显神威　魏德忠摄

一开始，我们的工地在山西省平顺县东庄村。那时，渠上提出的口号是："立大志，下雄心，五月一日把水通。"大家使劲干着活。我在渠上抬石头，打钢钎，扶钢钎，推小推车。山上土多，也有些砂石，我用钎一别土、砂石，"哗"一声都下来了。我就把土石装进小推车里，推到渠岸边，再把土渣一倒。

我住在王家庄的一户人家，男人们住在东庄工地上。师街大队刘宝德

（音）是工地上的连长，秦福柱（音）是生活连长。秦福柱去当地村里买一些红薯面、玉米面，送到伙房，这样我们就能吃上糠和玉米面。早上吃的糠饼，糠饼是由玉米面或者红薯面做成，味道是淡的。中午吃的是馍，喝的是汤，有时候还能吃上油条。晚上喝的是稀饭。

和我一起干活的林立德（音），不知听谁说"馍尽吃了，一人一个（一斤干面）馍，一人可以吃俩馍"。结果呢，他就吃了俩馍。最后大家发现少了一个馍，就问他吃了几个。他说："能吃俩，我就吃了两个。"大家就笑了，这可是两斤干面啊。大家跟他开了个玩笑，他就当真了。

渠对面有个人在拽面条，他离我们这隔了一条河，有点远，不过能看到他拽面条的动作，他拽得面条忽闪忽闪的。干活饿了，我就看他拽着面条，面条那么宽，就有劲继续干活了。

难忘修渠艰苦生活

1960年3月盘阳会议召开后，渠线往下移，原来的活让东岗人接着干了，我们就到王家庄修渠。

在工地，我打过钎、抬过石头，有时候别石头。寨底人管点炮，他们有时候放炮崩出的石头能飞几里地远。放炮时，大家就赶紧找旮旯儿躲躲石头。那时候，给我印象最深的是曹兴周（音），他很热心，主动帮妇女们推土。

林立德也来到了王家庄修渠。他在工地上抬石头的时候，石头比较锋利，他被割掉了左脚上的大拇趾和二拇趾指甲盖一半，走路一瘸一瘸的。

渠上有一个叫"邢子民的战地信用社"，负责人是邢子民。大家身上

如果有一些钱就可以存到信用社，需要钱就可以取出来，方便了大家生活。

王家庄设了两个营部，一个是漳河南岸的公社营部，另一个是漳河北岸的县指挥部。伙房设在王家庄村北边的大厂里面，开饭了我们就赶紧去站队，吃完饭我们就直接往工地走。

有一次，下了一场大雨，我就去河沟看涨河。以前我没有见过涨河，不知道河是怎么涨的。这次是长了见识，涨河的时候河水不是往上吐泡泡鼓着涨的，而是随着河水波浪齐刷刷一上一下涨的，可有意思了。

时间过得真快，修渠时许多故事记得不太清楚了。那个时候我们修渠吃了很多苦，也没有什么怨言，国家让我们干什么，我们就干什么。

（整理人　王彬尧）

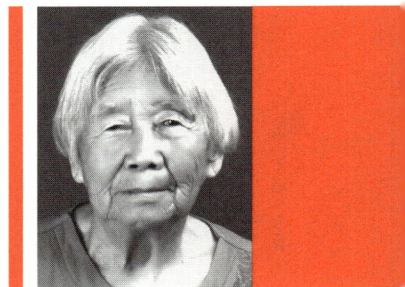

李竹先

"婚后第五天就上了修渠工地"

⊗ 讲 述 人　李竹先

◷ 时　　间　2022年8月12日

⊙ 地　　点　林州市振林街道刘家街村方家庄自然村

人物简介

　　李竹先，女，1939年9月出生，林州市振林街道刘家街村方家庄自然村人。1960年正月初十结婚，婚后没几天，她就到修渠工地劳动。其父亲和公公也一块（儿）到修渠工地。她住在山西省平顺县西丰村（今牛岭村），工地在谷堆寺鸻鹉崖段。她在工地上打过钎、推过车，经历了槐树池特大伤亡事故。谷堆庄自然村牺牲了一男一女两个人，其中一人是她的本家哥哥李保栓。

俺叫李竹先，1939年9月出生，婆家是刘家街村方家庄自然村，娘家是槐树池村谷堆庄自然村。我结婚典礼后没几天，就上了红旗渠工地。槐树池大队工地在山西谷堆寺附近，那年工地上一下子砸死好几个人，当时俺就在现场，现在想起来那场面还真是害怕。

炼过钢铁修过水库

俺娘家在谷堆庄自然村，属于槐树池大队六队。当时槐树池大队包括董家街、东太阳、东西柳树行、王家池、西下庄、迭坡、谷堆庄等几个自然村。

俺家里兄弟姊妹7个，我排行老大，有三个弟弟、三个妹妹。家里人口多，俺没有上过学，光记得小时候给家里拾柴。

俺还记得去合涧公社河交沟里修水库（弓上水库）的事，具体哪一年记不清了，修了两三个月时间。当时，水库刚开始修，还没有砌大坝，河里没有水，就是一个大土坑。工地上人很多，俺在那里就是挖土，然后用小推车往外推土。村里一块儿去的有十几个女的，年龄都一样大，有常秀英、王花荣、常金珠、李爱先（音）等，她们现在都去世了。

婚后第五天就上了修渠工地

1960年正月初十，这个日子记得很清楚，那一天俺出嫁了。小孩他爹叫方长生，是刘家街大队方家庄自然村的，是长治淮海兵工厂的工人，当时在福建省南平军分区修理所修理枪械。他们兵工厂就派人去福建沿海搞服务、修理枪支。他过年时请了假，回来结了婚。

那时候结婚很简单，还在大食堂，根本没有举行什么仪式，也没有放鞭炮。两个村相隔几里地，他一个人步行去俺家娶我，回来时俺家有三个送客（农村结婚女方的嫂子或婶婶）。男方交给食堂4斤粮票，一块两毛钱，打了四份饭，吃的是玉米糊糊。

婚后第三天，俺被叫回了娘家，因为俺的户口还在娘家。过了两三天，刚过了正月十五，队长通知说叫俺明天上修渠工地。当时，俺爹是第一批先走了，俺是第二批。后来听说俺公公也去了修渠工地，俺爹和公公当时都50多岁了。那时候一家去两个人的不多，到工地没多长时间就裁人，主要是年龄大的身体不好的，俺爹因为年龄大就被裁回去了。他回来后被安排去喂猪，过了一年多就生病去世了。

接到通知后，第二天俺就和本村的常秀英、王花荣、常金珠、李爱先、闫合英（音）等十几个女的，坐着毛驴拉的小平车往工地走。那时候的人，都不讲条件，让你去就得去。当时队长也没说修渠用多长时间，俺带了一床被子和几件换洗衣裳，还有一张铁锨。

小平车把俺们十几个人送到了河口村。在河口住了两天后，俺们跟着队里的人走到了山西省西丰村（今牛岭村），在那里住了几个月，直到收工回家。

打钎的和扶钎的不能脸对脸

槐树池民工连的民工住在山西省西丰村，但是工地在谷堆寺附近，相

距有好几里地。在西丰村，俺还见到了先到工地的俺爹。

槐树池民工连的连长叫杨金才（音），是西下庄自然村的。在工地开会的对象，主要是党员团员，杨金才负责讲话。俺也是团员，工地上的党团员人数不太多。开会一般是在晚上，主要就是讲讲安全施工、施工进度等。

当时的工地上有广播员，由妇女队长兼着，是东太阳自然村的，叫啥名忘记了。她在工地上手持一个小喇叭，看到什么就说什么，如谁谁谁又在那里站着不做活儿了啊，谁谁谁肯出力表现好啦。工地上有两三个负责点炮的，其中一个是柳树行的李海（音）。卫生员是槐树池的，也想不起来叫啥名了。

槐树池大队的工地在谷堆寺附近，那里是一个大拐弯。谷堆寺在西边的一座小山头上，虽没有多远，但俺从来没有进去看过。那时真是没有时间，每天天不亮就往工地走，到了工地就干活，天黑后下工，路上的人像赶会一样，急着往住地赶。

俺在工地上打过炮眼，抬过筐，铲过土，该干的活儿都干过。

俺原来根本没有打过钎，都是到工地上才学的。抡老锤打钎可大有讲究，打钎的和扶钎的不能脸对脸，打钎的必须站到扶钎的旁边，这样才安全。打炮眼是很淘神的活儿，有时候一天才能打一个尺把深的炮眼。碗口粗的大炮眼好打，需要先从圆圈儿开始，先打几个小炮眼。钢钎钎头有几公分宽，转着圈儿打小炮眼，然后一点一点从边上开始切，最后把中间的石块慢慢切掉。小炮眼不好打，打一下需要转动一下钢钎，停一会儿需要用掏勺把炮眼里的石砟儿掏出来，不这样的话，钎头就会被卡住，就会窝工，进展不快。

上工时，每组打钎的需要背三四根钢钎，钢钎头容易损坏，一根支撑不到下工。下工时，俺们就把损坏的钢钎送到铁匠铺，让铁匠修理修理，因为铁匠铺就在工地不远处的山崖下。

当年的场面真是吓死人

1960年6月，谷堆寺槐树池民工连工地发生了一起事故，一下子死了9个人，重伤3个。当时，俺就在现场，具体怎么发生的也弄不清楚，那场面真是吓死人。

那天上午上工后，大家在山崖底下干活，有的抬，有的铲。突然，一块大石头好生生地就从山上面跌落下来，一下子砸死了好多人。没有受伤的民工离出事地点有一二百米远。一开始，谁也不知道到底怎么回事，也不知道具体出了啥事。事情发生后，工地领导就让民工赶紧离开了出事现场。连长杨金才也吓得没法，让各个生产队的人分成一堆一堆的，互相找找少了谁，点点名，没有答应的就知道没有他了。现场有参加抢救的，没有让俺们这些人参加。工地上的人真是乱了锅了，都吓懵吓傻了，每个人脸色都是黄蜡蜡的。

当时就知道谷堆庄的死了一男一女两个人，女的叫麦秀（音，大名王英秀），20多岁，还没出嫁，俺们不是一个队的，不是很熟；男的叫李保栓，我本家一个哥哥，当时已经有了一个儿子叫李建中（音）。

这次事故一共死了9个人，年龄最大的是柳树行的李黑。其中有3个女的，李家池、槐树池、谷堆庄各一个。后来听人说，现场那个场面很惨，有的少的一条腿，有的没了胳膊，怕死人了。当天晚上，抢救的人就蹚着河水过了河，把尸体送回家埋了。

出事那天中午，民工们回到住地，都没有吃饭。俺记得当天晚上也没有吃饭。李保栓有个婶子叫常芹子（音），当时就在工地伙房做饭，她侄儿出了事她也不知道。

当天晚上，民工们就把被子卷起来，一直坐等到天亮，睡不着也不敢睡。第二天，上级通知，全体民工放假回家。我听做饭的人说，出事后，我老公公就从河口跑到西丰（今牛岭）去找我了，听说我没出事才回去了。

俺们离开工地时，渠还没有修够宽度，还需要往里面劈山，渠底也没有平整好，渠帮也还没有开始垒砌，根本看不出渠的样子。从谷堆寺工地回到家以后，俺就没有再到红旗渠总干渠工地上劳动过。

红旗渠修成后，我坐车去山西省长治市，路上看到了半山腰上的红旗渠。俺就给车上的人、给自己的儿女说俺也修过红旗渠。

▲ 半山腰上的红旗渠　魏德忠摄

（整理人　陈广红）

刘松生

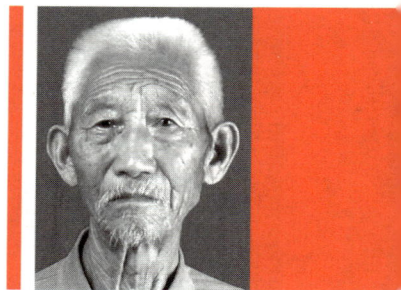

"红旗渠把水变成了为人民服务的水"

⊗ 讲 述 人 刘松生

🕐 时 间 2022年8月15日

📍 地 点 林州市姚村镇下里街村

人物简介

刘松生，男，1942年出生，1960年2月开始到山西省平顺县东庄、王家庄等地参与修渠。在红旗渠工地上从事挖基、背石、背灰等工作，还学习了锻石等石匠手艺。

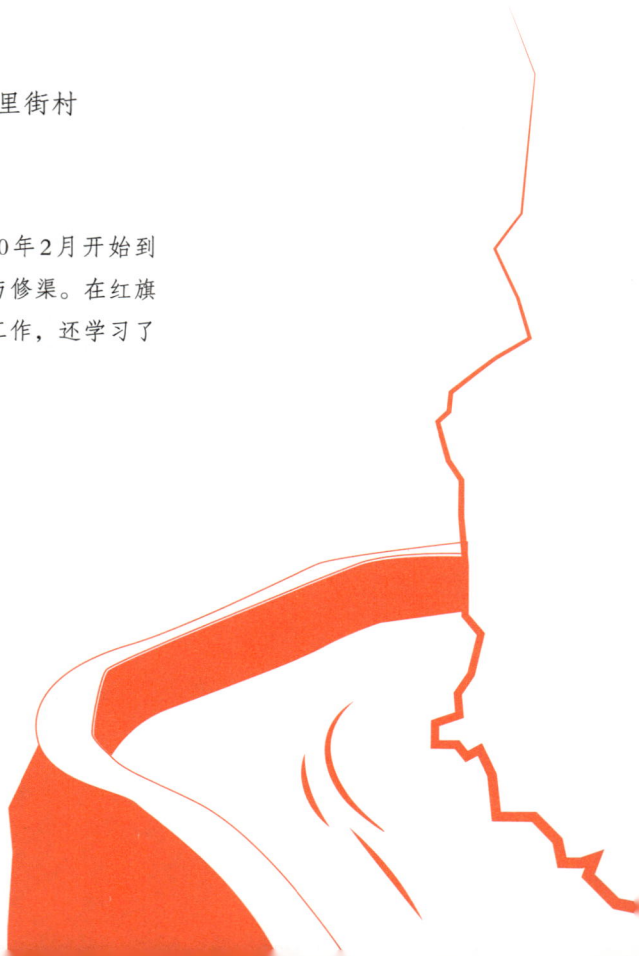

炼钢铁　修水库

我家里姊妹六个，有一个姐姐、两个妹妹、两个弟弟。小时候我在三孝上学，小学4年，高小2年。小时候我淘气得很，考试常不及格，高小毕业后就不上学了。15岁的时候父亲去世了，弟弟妹妹都还在上学，我个子长得高，出学后就在家里劳动。

▲ 一扫即见，感受亲历者的原声珍贵讲述

1958年秋天摘柿子的时候我去参加炼钢铁，下里街村去了十来个人，在河顺的两半垴、西曲阳山顶等地方背矿。路不好走，一个人一回要背够20斤，上秤志，不说黑夜白天。记得还搭台打擂，看看哪个村、哪个人背得多、砸矿石多。

我还去邢家墁修过水库，也修过南谷洞水库。在南谷洞水库工地时，才兴开胶轮小推车，从西乡坪往坝堰工地推土，有5里地，一个人一晌推5遭，上午下午各5遭，很紧张，稍耽搁些事就完不成任务。因为在西乡坪往车上装土时要排队，不能插队，一个挨一个地装车。工地上一直有人宣传，推车推得满的就插个小红旗，都是争先进。干活中经常打擂，然后在红纸上写上先进者的名字，我那时正年轻，肯出力，红纸上表扬的人中经常有我的名字。

南谷洞水库：位于县城西北部的露水河中。1958年4月动工，1960年7月完成大坝主体工程，坝基长58米，底宽360米，高78.5米，坝顶长205米，顶宽10.3米，为黏土斜墙堆石沥青护面结构，总库容量5804万立方米。

▲ 南谷洞水库　魏德忠摄

　　我们村当时去了十一二个人，当时常书堂（音）在工地做饭，刘保德（音）是连长，我们在西乡坪村搭的席棚住，吃粗糠、萝卜条等，还要上山到二崭上砍柴，背下来烧，生活还不错。

响应号召去修渠

　　1960年刚过了正月十五，队长通知我去参加修建引漳入林工程。当时村里有六七十户人家，分4个小队，300多人，十来个劳力抽2个人去。走的时候我背了锹，大人背的是镢，大家在村子东头集中，记得我还带了萝卜。

当时常天喜带领我们去，出发的时候村上也是敲锣打鼓、红旗飘飘，送修渠人走。记得有两个女的，觉得离开大人离开家去那么远，还听说山西有狼，就哭着不想去，走的时候在村口搂着大树不走，最后也是通过做工作去了。

我们统一集中到公社，喇叭里广播工地纪律、注意安全等。我当时还小些，家里大人也去送，想到不知道啥时候才能回来，许多人眼里还掉泪了。

走到天桥断的时候，过河要走的是个老桥，走在上面会晃荡，桥上有的地方有板，有的地方没有，看着下边的河，我不敢走。大人先帮我把铺盖送过去，我们一起壮着胆子才过去。过去后在河北的张家头住了一晚上，早上又往王家庄走。河里有搭石，水小就从搭石上走，水大了淹了搭石就坐船过河。到王家庄后在村里的场上住了一晚上，也没搭棚，天虽然冷，也就这样凑合着生了一晚。

修渠工地的生活

我们早起从王家庄往东庄走，到的时候快晌午了，提前到的干部已经找好了住的房子。我们一来个人住在人家的三间西屋里，房子是小瓦房，就住在屋里的土地上。地上也不平，坑坑洼洼的，大家到外面坡上找些干土，把大的坑垫一下，再铺上些白草、黄贝等干草，铺在地上。有的人没带铺的，就在草上面直接铺上单子睡。屋里还有一部分人家的东西，地方小，人多，很挤，翻身都不容易。

修渠时一个村上领了两个洋镐、三两张锹，加上自己带的工具一起用。在东庄住下后，开始分修渠任务。我们村在东庄偏东南的二嵝上修，要先修路、锯树，平整地方，把斜坡弄平才能修渠。修了一段后，我们就转移到了王家庄。我们分了20来米长的一段。修渠时间长了就有了经验，怎么样快、怎么样省力都熟悉了。开始我在那里抬筐，担子压得肩膀疼，肿得像个馍馍，疼得不敢挨。后来也抬土、抬石头，石头近处没有，在远处，大的要破开用，按需要破成2寸、4寸不同厚度的石头，这样垒的时候才能垒得平整。天冷的时候，钻打在石头上，冷钻尖容易断，断了就要送到铁匠那里捻一下钻尖，再拿回来用。

那时候从家里往工地送吃的不容易，都是牲口驮，过河走搭石，水在边上流，看得眼晕，驴都不太敢走。记得有一次驴掉到了河里，驮的东西也掉到了河里，捞了一部分，水冲走了一部分。

工地上也要用技术

我们在工地上挖土方时，土石各半，要先把地方劈够渠底的宽度。碰到石头，会开石头的就开石头。也要放炮，主要用洋镐刨，我带的锹也基本没使上。

为了提高工作效率，大家想了很多办法。运土石方的时候，如果抬的话就慢，后来就想了个办法。在筐子的底下绑上两根同样粗的杠子，地上平行铺上两根长的杠子，运的时候把筐子在地上的杠子上来回拖，杠子磨杠子，滑起来速度快，还省力，比抬提高了效率。

我当时年龄小，会的技术少，开始没有人愿意和我一组，嫌我不办事，我心里也气得慌。村上的曹明（音）说，学吧，没啥法。学习在石头上打炮眼的时候，我经常打脱锤，瞄不准钻，打脱了就会打到虎口。就这样也得学，开始用的麻花钻，手把钻用得短了就不能用了。也有锤笼钻，但锤笼钻主要用来打碾、磨上的花纹，要是在石头上打眼，硬度不够，不下活。就这样我在修渠工地上一直学习，学到了些技术。我们在渠上还跟石匠学锻石，一开始难得我们不行，也是硬学，看别人怎么锻，自己再练练，不会了也问别人。在工地崩石头也有诀窍，用的寨①中间细，四边宽，这样向下砸的时候，崩的力气大。

干什么活都有经验。在修渠工地上每天的工作量都有定数，起石头、锻石头要排方量。有尺子就用尺子排，没有尺子就用手拃一拃，看够不够当天的方量。有时碰到好做造的石头，也能比较轻松地完成当天的任务，就觉得很高兴。

我在王家庄修第二段渠的时候，工地上加了人，要赶工期，原来的人也没有换，我中间也没有回来过。家里还给我捎过红薯，也捎过衣裳。好几个月没有回家，我也想家，还偷偷哭过。

修渠要求很严格

我们在修渠的时候，对质量的要求是很严格的。垒渠帮的时候，为了保证质量，防止漏水，石头缝要挤浆，勾缝要先用一头有钩、一头是圈的

① 寨，一种传统的崩石工具，通常是一种楔子。它的形状特点是中间较细、四边较宽，这种设计可以集中力量，使石头在受到冲击时更容易崩裂。

扒具，在石缝的2公分深处勾一下，再在外面用灰勾缝。

我也在工地上背过沙、白灰，背的时候专门有人管往筐里铲，有定量，不能想背多少背多少，一次背的不能少于20斤。抬筐、抬石头的时候，在杠子中间钉个钉子，这样抬的时候能平均重量，上下坡的时候也能防止绳在杠子上来回滑。

工地上吃饭也是有要求的，早上大多是喝汤、吃糠饼，汤尽喝，干的一个人发2个。我三婶家的堂弟比我小一岁，他饭量大，有时候我给他1个糠饼，就是他吃3个，我吃1个。在王家庄的时候我去看过戏，还看过不少，也看过电影。

修红旗渠虽然艰苦，但这个工程是把水变成了为人民服务的水，是好事。

（整理人　郭玉凤）

纪计成

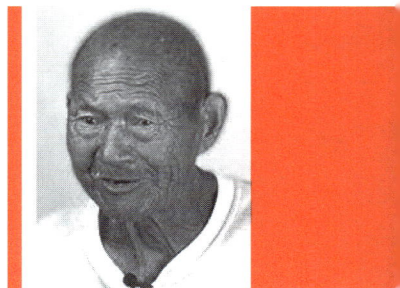

"我参与开凿了青年洞"

8 **讲 述 人** 纪计成

🕐 **时 间** 2022年8月18日

📍 **地 点** 林州市横水镇东赵村

人物简介

　　纪计成，男，1940年7月出生，林州市横水镇东赵村人。曾经修过弓上水库、英雄渠。1960年参与修建红旗渠，在青年洞抡锤打钎、放炮。在修渠工地上，做事总是冲在前面，领导说往哪打，就往哪打，经常被领导夸赞人老实、表现好、做事踏实。

修过弓上水库和英雄渠

> **英雄渠:** 英雄渠初名"淅河渠""人民英雄渠"。1958年1月13日,在淅河渠工程民工代表会议上正式命名为"英雄渠"。1956年春动工,后因暴雨停工。1957年12月续建,1958年5月1日竣工。英雄渠渠首在山西省壶关县苏家坪村附近,渠首拦河坝长80米。总干渠沿淅河左岸至村西止,长13.8公里,渠底宽3.2米,渠墙深2.2米,设计流量8立方米/秒。英雄洞至油村原为英雄渠干渠。英雄渠原有5条支渠。1959年前是林县最大的引水灌渠。

1958年,我先去北采桑修水库,在那就是推土,太使得慌[①]。咱也不是那种偷懒的人,从来没有作过弊。在(北)采桑吃饭吃不饱,都在食堂吃,我娘还给我送过干粮,她在食堂吃糠,她总是不吃完,把剩下来的给我送回来。

1958年2月去修弓上水库,时间不长,二月二十多就回来了,大概一个月。在那主要是推罐车、推石头。推的是那种铁罐车,道轨是铁的,车厢是木头的,车轱辘也是铁的,推的时候很麻烦,坐在罐子后面,一个人推一个罐。我们大队是东赵村大队,包括东赵、西赵、晋家庄、水磨山。大队设在水库的南边,我们是二小队,纪双喜是队长,党组长是纪权贵。我们村有五六个人在弓上水库。在那生活还不错,每天都是二斤红薯,还有补助粮,县里补的,做的活多补助就多,补助的数量也不等。中午吃黄疙瘩,喝蒸黄疙瘩剩下来的水,晚上只有稀饭。

---

① 太使得慌,北方方言,意思是"非常累"或"累得受不了"。

1959年，我到桂林修英雄渠，住的是民房。在这里主要是推土，没有修多长时间就回去了。

1960年，过了大年初三、初四往常路郊走，在那修毛渠。渠在常路郊南坡上，在这时间也不长，有30多个人。修的渠也就1米多宽，不是很长。当时总是吃不饱，当时有个妇女和她丈夫去偷红薯，不小心把红薯扔到了我面前，当时我以为是让我吃了，我就把红薯吃了。谁知道是扔错了，他们天天笑话我偷吃人家的红薯。

1960年正月十五，当时纪启昌是领导，让我们都去引漳入林。领导说今天不再上工了，吃了红薯稀饭。吃完早饭我们就从常路郊直接拿着铺盖往红旗渠工地走，路过了自己家，我把铺盖往路边一扔，去家里转了一圈，什么也没有带就走了。上午走到了姚村，在姚村也没有吃饭，走得快的已经走到坟头岭。出发的时候也没有说去哪，只说了引漳入林是用来浇地的。我们走到木家庄天已经黑透了。当时是纪启昌领着我们，到那之后直接去修路，路有1米多宽。那里有现成的工具，把行李直接扔到路边，就开始干活。我主要负责打钎，只要那天到木家庄的，都要去修路，人特别多，修了大概四五个钟头才回去吃饭。回去木家庄就支着锅，喝了稀饭以后，就在木家庄住下了。

参与开凿青年洞

第二天去修渠，工地在木家庄西边的南山上，在工地上纪增书是司务长，任贵林负责做饭。第一天上工还是吃红薯，红薯每个人是2斤，当场会用秤称一下，长得高的民工还会提意见，想要多吃点。上午回来也是红薯汤，有的民工对盛饭也会提意见，有的平着盛会多一点，有的支棱着盛会少一点，民工就觉得盛饭的人不太公道，后来就把盛饭的人给换了。当时很多人都吃不饱，这个时候也没有补助。

到工地上已经动过工了，地面都变了样，还有原来画的白线。我们在那才把木家庄挖成沟，有的平面还没好，刚开始往下挖，挖了大概一个月。出了正月，春天的时候我们就移到了卢家拐。当时抽了几个人去修青年洞。除了我之外，还有纪生根、纪泰山、纪阳存、纪真刚、纪守成、冯玉林（音）等。修青年洞这些人中最大的是纪真刚40多岁。在卢家拐的时候，纪阳存是领导。

我们先修了2号洞口，后来修了东边的1号洞口。在工地上我主要装炸药，放炮的时候会用木棍顶着药包，当时用的是电雷管，不需要人点。炸药装好之后再上去，放了炮人就能站上去了。然后，我和纪守成就会站上去清理，一炮只能崩出尺把长的地方，我们会用锤敲敲碎石。放一炮，上下清理干净都要一上午，十几天以后里面才能进去人。

后来从东边移到了西边，一个洞口只有一个工作面，只能容下一个队工作。当时是中午12点上工，夜里12点下工，两班倒，夜里交接班，轮流工作，晚上12点会送一顿饭，把饭送到洞里面，当时大家都愿意前半夜上工，怕后半夜歇不过来。当时工地上请来一个好炮手郭林间（音），说是专门从南谷洞水库请回来的。

在工地上出渣推的是木头车，有时候鞋子磨破了，再拾起别人扔掉的鞋子补到上面。在工地上都是光着背穿着短裤，抢锤打钎的时候，会弄一块木板，系到脖子后面，把自己的背盖住，害怕抢锤的时候打脱了伤到自己。抢锤的时候用不用劲，我们在工地上听声音就能听出来，有的人抢锤没有一点响声，有的人使劲累得呼哧呼哧的，甚至一打还会冒火花。

党员团员带头干

我学习毛主席语录，铆着劲做活儿。虽然我不是党员，但我知道党员就是领导，党就是管领导的，每个队里都会有党员跟着，知道自己总要跟着党员走，党员也不会办坏事。

修青年洞的时候，每次放炮之后，都需要有人下去清理，我们就从卢家拐绕道坡上最高的地方，当时队长纪长江就说"大家都弄得保险点，别丢了命"。因为上面没有树木，也没有人看着，我们需要在放炮之后系着绳子下去清理石渣，可是绳子也就手指那么粗，这个时候大家都害怕从上面下来活不成。当时我们几个人就说"谁有真心谁先下"，领导也没有说谁先下。后来纪守成是第一个从上面下来的，因为他说自己是团员，他先下。我是第二个下的，因为我觉得我年龄大应该先下。当时的领导纪长江说"你们没人下，

▲　理论学习　魏德忠摄

我就下去"。大家看团员先下来了，就都跟着往下走，因为那个时候我们都觉得"团员说往哪打，就往哪打"，下来的时候也没有害怕，因为觉得怕死就干不了这活。纪长江一直是模范，在工地上四五个人才能抬起的石头他都能背走，啥活都抢着做。在下工学习的时候，长江还说过我："表现好，做事踏实，就是不识字，学习记不住。"

（整理人　程亚文）

张春林

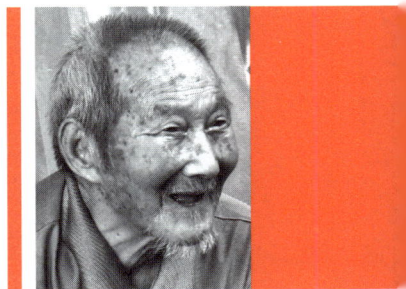

"九旬老人的修渠往事"

👤 **讲 述 人** 张春林

🕐 **时　　间** 2022年8月23日

📍 **地　　点** 林州市五龙镇岭后村

人物简介

　　张春林，男，1928年3月出生，林州市五龙镇岭后村人，中共党员。1961年11月—1962年正月参与红旗渠修建，担任技术员。他经历过抗日战争和解放战争，是1939年农历二月十五日日军轰炸临淇庙会的亲历者，是解放战争时期把公粮从辉县上八里等地运往林县、水冶的参与者。他参与了淇南渠、红旗渠、要街水库、淇河大桥的修建，在工地上从事过挖地基、背石头、抬筐出渣、抡锤打钎、点炮等工作。

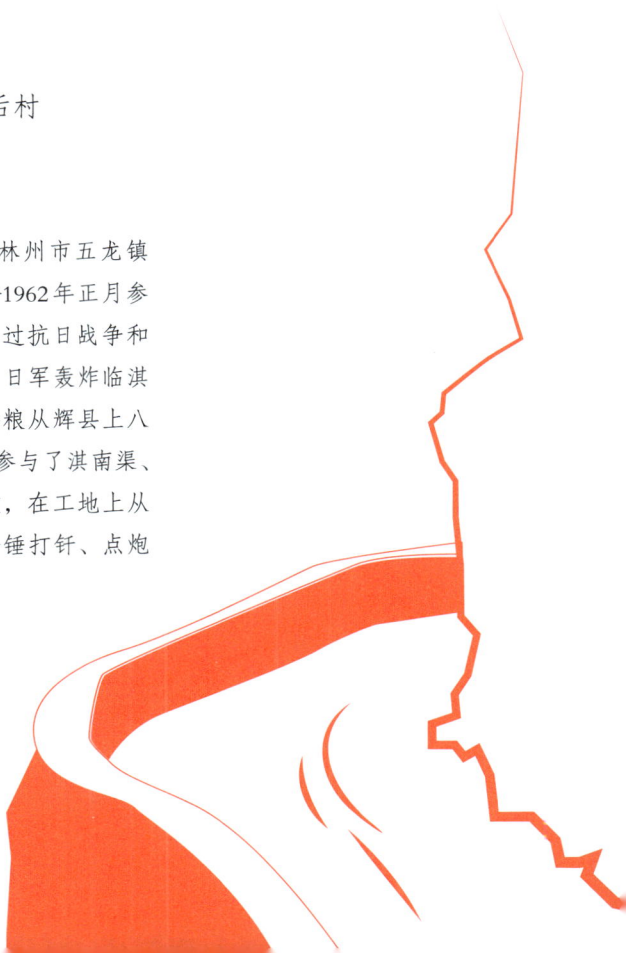

我叫张春林，是家里的独生子，没有其他兄弟姐妹。20多岁的时候娶了媳妇，一共有两个儿子和四个女儿。我小时候家里穷，只有1亩多坡地。稍微大一点的时候上了两三年民校，上学的时候白天干活，晚上上学学习。

1955年，我写了入党申请书，在支部培养下，加入了党组织，成为一名光荣的共产党员。在大队安排下，1961年冬天我去修红旗渠，在工地上过的年，年后正月十七回的家。

亲历日本飞机轰炸临淇惨案

我出生的时候还在打仗。我对日本人印象最深的是1939年农历二月十五日本军机轰炸临淇。那一天正好是临淇的土地爷庙会，是一个大晴天，我年纪小爱热闹，家里带着我也去了庙会。

那天，参加庙会的人特别多，人挤人，都走不动，有唱戏卖艺的，有做买卖的，非常热闹。大概下午3点，附近村子的人吃了午饭，都赶过来了，也是最热闹的时候。来了几架日本的飞机，开始对着人群轰炸，轰炸完后还用枪扫射。大家都非常害怕，到处跑着找地方藏，有人往房子里跑，有人往麦地里藏，但当时麦子还没有长好，大概到我小腿那里，也藏不住人。

后来听说，庙会那天上午日本的飞机就来过，说是来找兵的，那个时候村里的人也没有在意，后来才发生了惨案。除了临淇村外，附近的村子，比如说渔村、吕庄等都被炸了。日军轰炸临淇后，部队也就跟着开进来了，住在吕庄村。日军来了之后到处毁东西，他们把临淇做生意的人的东西都砸了、扔了，来岭后见人就打，见牛就杀掉吃了。那时候我也见过几次日本人，对他们没有好印象。

帮助军队送公粮

把日本人赶走之后，1948年，共产党军队和国民党40军在辉县上八里、圪针岭附近打仗。二八里石门沟那里有八路军的公粮，国民党想把粮食抢走。

为了让这些公粮不落到国民党手里，在上八里的共产党军队和国民党军队打了一仗，当时我听从指挥，跟着大部队，连夜赶路，把辉县的公粮一路运到了林县、水冶这些地方，并把共产党军队藏了起来。我们还把一部分粮食运到了马丕瑶的家里，也就是现在的马氏庄园。

共产党和国民党在上八里、圪针岭打仗的时候，我也去给共产党军队抬过担架。那个时候我还小，缺人的时候就需要我顶上。我们村里还有人去帮助军队送过子弹，老百姓都听共产党的话，愿意跟着共产党走。

参与要街水库修建

1958年过完年后，我去修建要街水库。要街水库位于辉县地界，但也挨着林县，修成之后林县也沾光。

水库大概在鹿岭村西北十几里地的地方，辉县和林县两个县一起修，水库一修好，就把整个峡谷一下子都围起来了。那时候岭后、岭南、南沃、荷花、合脉掌五个村是一个大队，名字就叫岭后大队，我属于二队。

我在那里主要是挖地基，那时候地基挖得特别深，在工地上大家是分工干活，有人铲土、有人抬土、有人推土。工地面积很大，上面干活的人也很多。修水库的时候我们是租的房子，住的是满间铺，十几个人挤在一起睡觉，吃的饭也简单：早上是稀饭和黄馍，中午是稠饭和野菜，晚上是野菜汤。我们去修水库就知道水库的水流不到岭后，但是1958年那一年，水库的水却流进了岭后村和附近的很多村子。

我记得特别清楚，1958年6月1日，那天刚建了小队食堂，我们中午吃了烙饼，可香了。

修建淇河大桥与桥台子被冲走

1970年时，我去修过淇河大桥，桥在五龙镇岭南村和临淇镇吕庄村之间的淇河上，桥共三个大拱券，五龙镇承建两个，临淇镇承建一个。

修桥用的石头都是从崖顶（小虎山）那里起的，因为那里的青石质量非常好，当时岭后全村都去背石头。我主要干的活儿也是背石头、搭架子。淇河大桥设计的是20米高。那么高的桥，在垒桥眼的时候我们用石头搭台子，搭得很高。

当年山西在淇河上游建的水库因为下雨，水越来越多，后来满了。他们为了保住水库准备放掉一部分水，但是我们这里也下雨了，淇河里的水也不少，于是我们不让放。最后不知道是怎么商量的，水库还是放了水下

来，当时淇河满河槽都是水，我们刚搭好的台子，一下子就被水冲走了。没有办法，我们只能等水位降下去之后，再重新搭起台子修桥。修桥的时候附近有名的石匠都来了，现在看到的桥上桃形的石头都是他们打造的。虽然现在修了新的淇河桥，但老桥依然在用着，经历过几次大洪水也没有出现质量问题。

在井头村修建红旗渠

我们林县整体上缺水，但是岭后村并不缺水。虽然我们一直在修水库、建水渠，但我们岭后的水很少断过。以前我们一直吃井水，村里总共有六口井，都是活水井。大旱的时候村东边、北边的其他五口井会干，但村西边那个井从没有干过，大家就白天晚上排着队在西边的井里担水。其他缺水的村像南沃村都来我们村打井吃水。虽然吃水有保证，但当时地里没水浇地，后来修了渠、打了机井才稍微好一点。

虽然我们村不缺水，但当时全县一盘棋，人人都服从安排。

去修渠之前，我在小队当技术员，负责育苗，比如说，红薯苗、水稻苗等等。那时候在淇河大桥东头那里我们还种过水稻，产量还不错呢！现在淇河的水位低了，种不了水稻了。因为这一经历，所以我在红旗渠工地上也当技术员。

1961年冬天，小队队长张如俊通知我去修渠，大队副支书杨保是连长，我们一个小队去了二三十个人。大家一起步行着过去，我背着铺盖，扛着铁锨，一起到了井头村。我们住在井头村上边东圪垯那里，住的跟修要街水库时一样，是满间铺，也就是通铺。

在吃上每天有10两细粮补贴，加上家里带的1斤粮食，早上吃稀饭和黄馍，中午吃面条汤和稠饭，晚上是稀饭配玉米面做的黄疙瘩。有3个人管做饭分饭，岭后、岭南、荷花村各一个，每天中午的时候我们步行1里多地，回井头村吃饭。总体来说，饭量大的人不太够吃，饭量一般的基本都能吃饱。

我们队负责修的是三十几米长的渠，一直从西坡上修到东坡上，和我们队一起干活的是石官大队。石官大队包括"七个石阵、六个沟"，是当时县里最大的大队。

在工地上，天一亮大家就上工了，干活的时候都不戴手套和垫肩。一开始我在工地上是负责排方①，划分任务量。除了这个工作之外，我还负责给抬筐出渣的人计数，要求是每天抬30回，每个人必须完成任务量。

抬筐也不是筐里想装多少就装多少，往筐里铲渣石的人和抬筐的不是一路人。筐里渣石放不满是不能抬走的，渣石要从渠底抬到离渠比较远的地方，路弯弯曲曲的，坡又很陡，抬一趟来回也不容易，不小心的话人脚底会打滑摔倒。我计数有时候用牌，有时候用豆子，还用过西瓜子。他们抬一次我就给他们一个牌、豆子或者是西瓜子，这样他们对于自己抬了多少次、任务量还剩多少也能够做到心里有数。完成工作量之后，每个人一天可以记一个工。等到晚上，我再把任务完成情况报给公社的会计。

除了这些工作外，我的主要任务是往山上抬石头，点炮放炮、抡锤打钎。抬石头就是很普通的活儿，放炮比较难一些。当时在工地上是早

---

① 排方，指根据工程进度、人员数量和任务难度，合理分配每个工人或小组的工作量，确保工程顺利进行。

上不放炮，等到中午会放两次炮，我记得我点过两回炮，用山上找来的松木等柴火点炮捻，当时心里也紧张，点炮的手都是抖的。抡锤打钎是个体力活儿，也是个技术活儿，我一般半天打五六个眼儿，一个眼都在1尺多深。

> **炮捻：** 用绵纸加黑火药卷成的引火材料，相当于导火索。是工地最初使用的引爆火药炮的引火装置。常在炮捻外包裹麻秆，以防填炮时损伤或折断。

快过年的时候，大概是腊月十七，民工们放假回家过年了。我过年没有回家，留在井头村看着100多号人的铺盖工具等，这些东西都放在一间屋子里，用锁锁住，钥匙在我手里拿着。

我看东西也记工分，一天记一个工，虽然比平时干活轻松，但是过年的时候我一个人在那里待着，也闷得慌。那时候我们租了村里的三间伙房，我住在最里间，每天都自己做饭吃，早上晚上吃稠稀饭，中午吃稠饭或者面条汤。因为过年，队里发了胡萝卜和红薯，还有一斤油，也算是给我改善一下伙食。

大年三十那天我自己包了饺子，是胡萝卜馅儿的，没有肉也没有鸡蛋，就是纯胡萝卜馅。我吃饺子喜欢蘸醋吃，于是我去营部要了点醋，就着饺子一起吃。大年三十那天井头村放鞭炮，那个村大概有700来户，靠着做猪毛毡子赚了不少钱，有钱的人家放的火鞭很好看。

正月十五那天我吃的还是跟之前一样的胡萝卜饺子，到正月二十，民工们就开始上工了。我也完成了看东西的工作，跟他们交接之后就回家了，后来就没再去过红旗渠工地上。

回到家后，我继续在小队当技术员，负责育苗。后来我年龄大了，凭着这一技术培育了很多菜籽、红薯苗等，附近的人也都相信我的技术，靠着卖菜籽我也有一点儿钱。今年我95岁了，身体还不错，经历了那么多事，现在就想好好享受下这好生活。

（整理人　郝淑静）

贾风英

"红旗渠　真正造福一方百姓"

ⓐ 讲 述 人　贾风英

ⓒ 时　　间　2022 年 8 月 24 日

ⓟ 地　　点　安阳市龙安区马家乡科泉村

人物简介

　　贾风英，女，1940 年 7 月出生，安阳市龙安区马家乡科泉村人，娘家是林州市横水镇吴家井村。1958 年参与修建弓上水库。1960 年正月，到山西省平顺县石城参与修建红旗渠。在工地上负责抬筐、打钎扶钎、垒渠墙等。

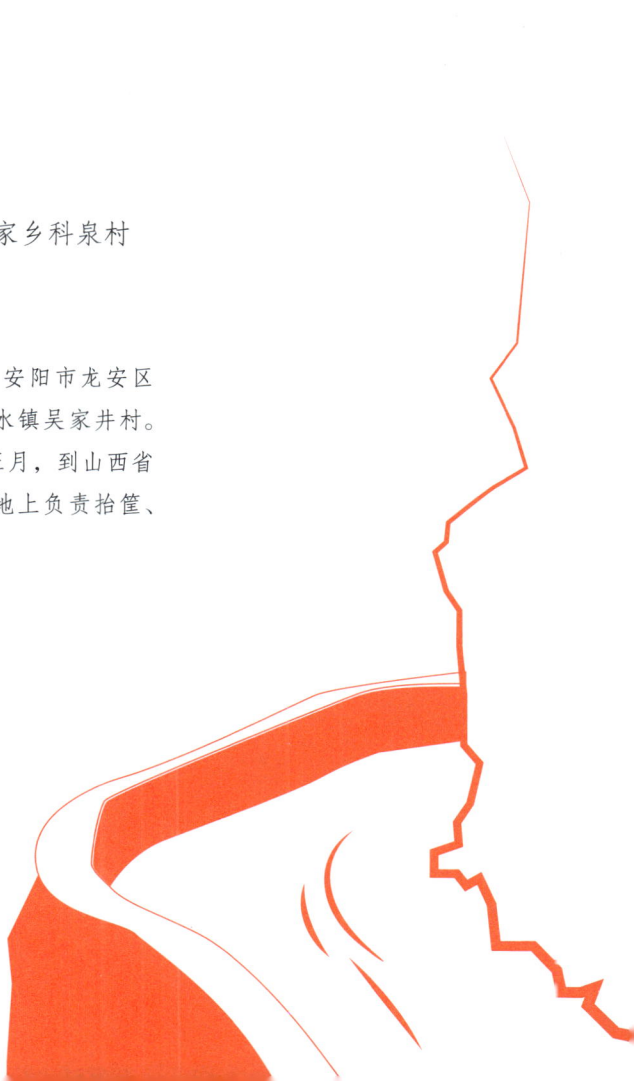

水库工地显身手

我叫贾凤英，今年83岁，我娘家是林州市横水镇吴家井村，27岁时我出嫁到了马家乡科泉村。娘家姊妹一共有8个，我有6个哥哥，一个弟弟，算上我一共八个。我爷爷放了一辈子羊，给人当长工，父亲是一名小队会计，当时

爷爷不让我上学，因为地里边没人干农活。我们几个里边就我五哥上学，考到了郑州上学，后来又去了北京。我小时候就读过两天的民校，从小就在家里忙农活，纺花织布，从六七岁一直到十六七岁，一干就是十几年。1957年村里成立了初级社，我就到社里边干活，一天计6个工分。每天也只是喝稀饭吃糠疙瘩，生活条件非常艰苦。

1958年，在大队的号召之下，作为家里的年轻劳动力，我开始参与修建弓上水库，前后去了三次，每次至少都是两个月。我还记得冬天在晚上打钎，空中飘着小雪花，打的时间久了，脚就被粘到了地上的小石板上。扶钎的时候为了不让手粘到钢钎上，就只能用衣服袖子垫着。当时没钱买手套，有一副手套动不动就磨破了，根本买不起那么多，每个人手上都是厚厚的老茧。还有一次是春天去的，我负责推土车，八个人一个车，前边两个人负责控制方向，后边六个人就使劲往后拉。因为坡度太陡，我们不敢直着往下走，而是扭着车轮子往下走。就这样我们一上午至少拉八车，拉不够就中午不吃饭加班，干完为止。打钎也是一天打一米五，指挥部有专门的人负责测量，达不到就点名批评。有时晚上不得不加班干，但是因为没有油灯，天实在太黑，根本打不到钢钎上，所以也是效率很低。但还是得坚持干。

在工地上我们早晚吃红薯糠喝稀饭，中午吃小米稠饭，主要是小米、

萝卜条，每人也就一小碗，根本吃不饱。有一次我饿得都晕倒了，摔得满脸是伤。到了晚上，也是非常寒冷，有的会偷偷地落泪，很想回家。我三哥叫贾学家，当时也参与了修水库，他是在老炮队。天气特别冷的时候，他会捡一些柴火烧成木炭，给我送过来，供我们取暖用。但是这只是在天冷得受不了的时候才有，因为柴火都是有限的，不是一直都有的。有时候，我也会省下来一个半个红薯，偷偷塞给我三哥，害怕他吃不饱。

转战红旗渠

修完水库之后，我就转战到红旗渠工地上。之前在修水库时，我就听说1960年开门红，要去修渠，只是身边人议论，自己用不用去，也不清楚。直到后来，我们小队队长梁首福（音）通知我去，我就和大伙一起向着任村木家庄出发修渠去了。自己带了被子和换洗的衣服，当时我们没有牲口骑，只能靠自己步行，走了将近一天才到。

到了木家庄我们被安排到了当地的民房里边，打地铺，天还在正月，天气比较冷，我们也只能躺在冰凉的地面上，冷得实在受不了，我们就去找点茅草铺在下边。

在木家庄附近的工地上，一开始上级让我们负责钻石洞，但是几天下来，领导又开会通知我们说："你们去山西石城修渠吧。"可能是因为钻石洞任务比较艰巨。后来我才知道，当时我们挖的就是现在的青年洞。来到石城后，我们去工地又不得不经过悬在半山腰的天桥，天桥下边是凶猛的漳河水，天桥也比较窄，从上边走晃得很厉害。我当时非常害怕，不敢走，大家就前后拉着手蹲下身子慢慢地一点一点往前挪。

▲ 扶钎姑娘 魏德忠摄

在工地上，我们是天一明就吃饭，吃完饭就开始干活。吃的主要也是红薯配着红薯叶、红萝卜等，就这还吃不饱，偶尔改善生活吃一小碗的面条。吃完饭去自己工地的路上，我们还会顺路每人捎一块煤饼到石灰窑附近，供烧石灰用。

我一开始主要是负责打钎扶钎，自己能扶两支钢钎供四人轮着打钎，后来这种打钎法被称为凤凰双展翅，还上了报纸。但是，危险也是时刻存在的。我和一位同伴在打钎的过程中，一不小心，她被小石渣伤到了眼睛，她的那只受伤的眼睛再也看不到了，落下了终身残疾。后来，我又负责和泥、灌浆，帮忙垒渠墙。回想当时的生活，和现在相比真是天差地别，当时我们洗衣服洗脸哪还用肥皂，顶多就是用碱末洗一下。

1960年5月，我们公社负责的那一段渠修好之后，我就回来了。1970年，我们这一带因为没有水吃，上级领导与林县沟通，从红旗渠二干渠上又引出了支渠一直延伸到小南海，养活了我们这一带的几万人口。现在科技水平高了，各村都打了更深的机井，吃水比较方便了。但是在过去，红旗渠真的可以说是一条生命渠，真正造福了一方百姓。

（整理人 郭晓明）

李桂英

"长期打钎扶钎让我的手变了形"

⊗ **讲 述 人** 李桂英

🕐 **时 间** 2022 年 8 月 26 日

📍 **地 点** 林州市振林街道富苑新区

人物简介

　　李桂英，女，1941 年 6 月出生，林州市横水镇西河村人。修建过英雄渠和弓上水库。1960 年正月，她作为第一批修渠人，在青年洞从事凿洞工作，腰系绳索悬在山腰打钎，直到 1960 年 11 月回家。长期扶钎打钎给老人留下身体后遗症，李桂英老人至今手掌伸不直，干不了精细活。说起红旗渠，老人最大的愿望是再去青年洞看看当年奋斗过的地方。

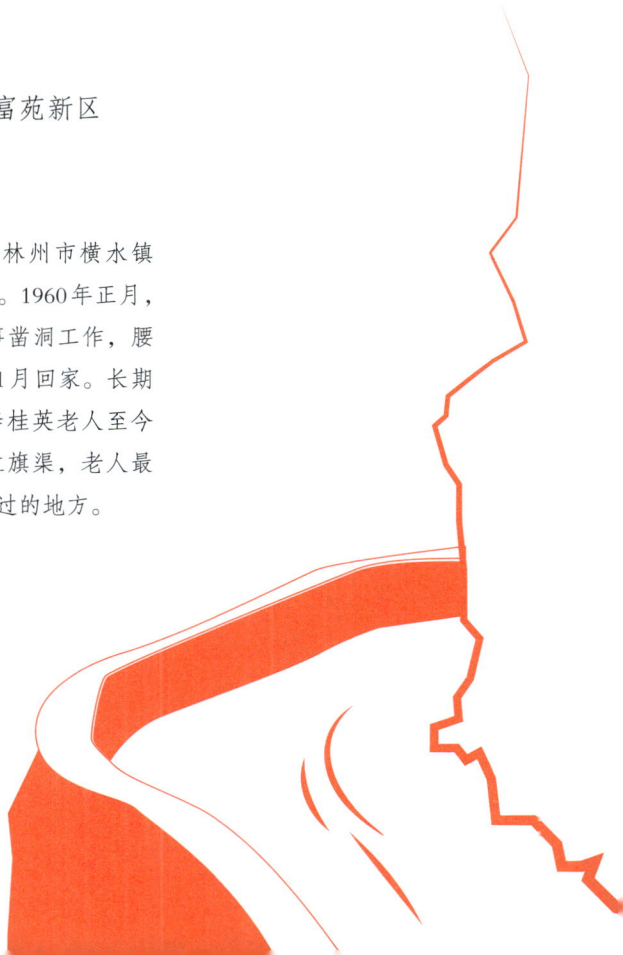

辍学后我啥都干过

我叫李桂英，1941年6月15日出生，今年82岁了，属蛇。家住横水镇西河村，娘家是河北村，我娘家兄妹五个，我是老三。我上过小学，那时候小孩子也得干活，就连上学过程中也得纺花。我们趁着下课的间隙赶紧纺花，还能纺三个梭。上到三年级我就不上了，辍学后我啥都干过，背窑条、抬麦秸、打煤饼等。

背窑条是在贾家岗，窑条有50斤，一天背一趟，去的时候带着红薯、糠饼等去干活。领导我们的是一个叫赵所（音）的人，他是民兵营长。公社很多人都去贾家岗煤窑干活，公社组织我们集中起来，在贾家岗吃住，整个西河大队都吃住在一起。我记得那个煤窑好像最后也没弄成，我们在那干了大半年，天冷了才回来。除了背窑条，晚上还让我们去抬麦秆，也是赵所领导的。他带着我们去涧西村干活，走到涧西的时候，看我们太累还让我们到一个房子里休息下。为了建煤窑，我们还去抬过树干，在河槽里抬，烧煤窑需要树干，我们用绳子捆着、杠杆别着抬树干。

大炼钢铁的时候我还去打过煤饼。1959年秋天，在横水公社达连池村，不仅林县的搞钢铁，南乐、清丰县的都来一起整，这个叫林清南钢铁兵团。他们两个县来的妇女很多，都是说的外地方言。那个时候快冬天了，我们也没地方睡觉，就在路上躺着，被褥下铺个床单，大家打通铺挤着睡觉。我们打煤饼也是轮班，晚上打到半夜，到后半夜的时候才稍微停下。打煤饼的时候也没有啥模具，就是把煤饼分割成一个一个小方形的，打得瓷实一点就行。

修过弓上水库和英雄渠

修弓上水库时，我十八九岁，去的时候我们骑驴，替换回来的人骑着我们的驴再回来。那时候水库大坝还没咋成型，就是个大坑，所以我们在水库上主要是打夯打地基。我在水库上负责抬夯，打夯的时候每个人都抓着绳，还有人喊口号，夯石也没人扶，小夯还有人扶着方向打，大夯都不管。打夯每天下午收二时就有管理的人来验收，他们拿个铁圈，有碗口大，如果铁圈还能打下去，证明你打的地基不好，不瓷实，必须晚上继续干活打夯，直到铁圈打不下去才算验收合格。

打夯这工作太累了，有的人累得不行，去厕所的时候趴墙头上都能睡着。但也睡不了多久，很快就被人喊走干活了。我在工地上一直管抬夯，劳动时间长的话也能稍微休息下，就是站在那不动休息，也不能坐。有时候打夯不合格晚上需要加班，回住地的时候太饿了，也没有饭，周围也没啥吃，我们就去村里买点山楂或者红薯面糠，两个人分吃一下。

干活的工地也有标语和口号，我那会也不咋认字，不知道写的啥。干活的时候还评模范，谁干得好就表扬谁，比如，我们打夯，就比谁打的地基瓷实。挖一块土出来，哪个队伍的重量大，又硬，那谁家打夯就比较优秀。我还记得有个农民诗人叫秦易，负责编快板。他编快板很厉害，现场看到啥都能编出来。他拿着喇叭喊"大鱼小鱼往上翻，老鳖像磨盘"，我还记得有个叫马二妞的广播员。

我还去大岭沟修过英雄渠。去大岭沟修渠的时候，人员构成就比较复杂了，不只是我们年轻女孩，还有结婚的年纪大的。我们就在人家村里东家的阁楼上住着，后来又去人家厨房睡，打通铺。天气冷，大家带的铺盖少，都挤着睡觉。幸好大岭沟东家地上还有一些茅草，能垫一下。我们村工地在西坡，我负责扶钎，有时候也打钎，都是一个女的配两个男的组成小组，女的只负责扶钎。在平地上时，男女都可以打钎。扶钎很危险，不小心会被打伤手或后背，反倒是打钎的人比较轻松。我们扶钎冬天的时候也不戴手套，要不抓不牢固，打钎的人也不戴手套，要不用不上力。我们在大岭沟就是负责打钎，后面的人负责清理石块、点炮等。工地上也有年纪大的小脚老太太，干活也不方便，她们就是负责铲石块石渣。

在大岭沟吃饭还是红薯稀饭，稀饭是稀成水的那种，也没有咸菜啥的。下工的时候大家偷偷下工地，到下面村里买点吃的，还有人买肉，我也买过，大家一人就吃一点。我上渠的时候我妈还给我点钱，因为弓上水库时没有记工，但在英雄渠时已经开始记工了，所以也算有收入了。

坐着汽马车上了工地

> 汽马车：一种骡马拉的胶轮马车。常见的一头驾辕，两头拉套。修建红旗渠时运送粮食、蔬菜等物资的运输工具。

1960年正月十六，我就上渠了。我也不记得村里有没有开动员会，出门时候村里也没有欢送或者敲锣送我们，之前我也没听说过引漳入林工程，也可能我当时太小没关注。我们早已习惯成群结队上工干活了，一听说又要上渠，我们这些女孩子嘻嘻哈哈就准备出发。村里要求每家每户都要出人，我哥我姐都成家了，所以我家里还是我上渠。我们村大部分人都上渠了，剩下的都是老弱小的人。

▲ 杨贵在施工现场 *魏德忠摄*

我们村专门安排了一个汽马车负责送修渠人，我和王俊生、雪英（音）一起坐汽马车上渠。我们自己带自己的东西，碗筷衣服鞋子之类的，也没带洗脸盆。我们需要洗手的时候，就去人家伙房借一个马瓢洗一下，更不可能有香皂毛巾之类的。我们带了梳子和针线，也带着纳鞋底的工具，方便抽空的时候纳一下鞋底。其实在红旗渠工地上也没法干活，因为白天上工，晚上灯的光线不好，再加上人也太累，早上还得很早起床，我们精力有限也纳不了几个鞋底。

我们坐着汽马车直接到卢家拐村。东家已经给我们安排好住的地方了。还是赵所带着我们安置的。他当时是民兵营长，28岁左右，比我们年龄都大。虽然他比较先进又是党员，但是他家里困难，那个时候没结婚。

腰系绳子在半空中

我们的工地在青年洞，当时还没有洞，我们就要把山打穿，那地方太陡峭了。我们腰上拴着绳子下到山腰去打钎，在半空吊着干活，也没个立脚的地方，干活的时候心里发怵。

拴我们的绳子跟鸡蛋差不多粗，低一点的地方还可以搭个梯子在山腰上打钎，高的地方就只能从山顶上顺绳子下来吊着打钎。需要先开凿好一个平地，才可以放炮开山。崩开一个山洞口子出来，我们就可以站在地上干活，心里才踏实一点。

凿洞的时候，我们先斜着打，有人用石灰撒了一条线，就是渠底。我们先斜着打渠底，然后再放炮崩，慢慢先凿一个跟房间一样大的空间，我们都是先凿洞底，凿一半出来，再打洞顶。有了石洞空间后，就可以好几个人进去往两边凿洞了。当时是往东凿洞，我们打钎的一班人有十几个人。具体多少个我也不记得了，只记得有五六根钢钎同时开工，一根钢钎上三个人，一人扶钎两人打钎。也有女的管打钎，我也打过钎。扶钎不是好活，经常被砸手或砸背，所以大家也不愿意扶钎。被大锤砸住了人也是会惨叫的，我好几次被砸住后背。有人害怕后背被砸住，就在后背挂一个木板，那样砸下来的话没那么疼，但还是震得脖子肩膀疼得不行。

凿洞时我们是两班轮流倒班。我也不记得一班干多久时间了，反正就是晚上的前半夜还得上工，大早上又得上工。晚上在山洞里干活，或者山洞里太黑的时候，山洞里也有灯。开凿青年洞的时候，我天天管扶钎，震得手都是麻的。扶钎的时候必须得攥紧，攥不紧影响人家打钎的人干活效率。天天握着钢钎，我的手已经不会展开了，直到现在我的手都伸不直，干不了太精细的活。现在还好点，当初我刚从青年洞回家的时候，我娘让我撑被子,我的手都伸不开,我娘还骂我干活慢。我现在手上关节也粗大,比男人的手关节还大。

我们打钎的进度大概一天一米,但是这个工作量还是大,不少人经常都打不够一米。那种红石头太硬了,崩得石头碎末乱飞,但就是打不动,进度上不去。

在青年洞干了10个月

1960年五六月的时候,领导觉得我们天天干活太费衣服了,就说给我们一人发一条裤子,扯好布匹给我们,让自己去缝裤子。我们就找到工地上的缝纫师傅,掏钱让人家给缝裤子。

我在渠上的时候见过杨贵和李贵。他们就站在山对面看我们,他俩一个高一个低,杨贵个子比较高大。

在红旗渠上还得背毛主席语录,还发书。我们上下工路上,或者吃饭休息的时候,就唱歌,唱《东方红》的歌曲。干活的时候也搞劳动竞赛,还搞红旗黑旗,哪个队伍得到红旗就插到工地上,我们青年洞口也插过红旗。

在青年洞干活的时候,大体上也能吃饱饭。早上吃红薯,吃糠,好像是一人2斤的红薯,再配上稀饭。我们也吃过野菜和面条,面条是在节日或者活动时候才吃,配的卤就是红萝卜。总的来说虽然当时吃得都不好,但是渠上的饭还是稍微要比村里好点,稀饭稍微稠点。

在青年洞我也见过我老伴,都在渠上干活了,但是我们没有在渠上谈恋爱。我妗子是他姑姑,就是亲戚介绍的,从红旗渠下来后我们才介绍结婚的。当时渠上听说也有人谈恋爱，但是我实在是每天太累了，也不去关注别人干啥。稍微有个空闲的话，就赶紧纳点鞋底。不干针线活的人也没人说她，毕竟大家都累可以理解。

　　我在青年洞一直干到1960年11月，中间都没换班轮班。我从正月上渠，到11月回来，中间就回过一次，回村的时候大概是夏秋交替的时候。我回去住了两三天，看了家人，拿了换洗的衣服生活用品等。因为就请了两三天的假，所以又赶紧回到了渠上。

（整理人　张利华）

常栓法

"以修渠见初心"

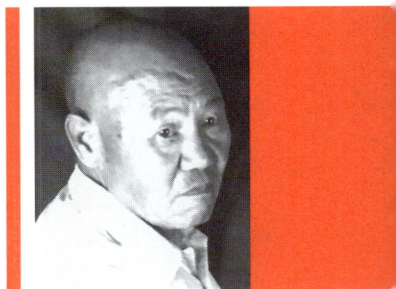

（人像图）讲述人　常栓法

时　　间　2022年8月29日

地　　点　林州市采桑镇涧东村

人物简介

常栓法，男，1945年9月出生。林州市采桑镇涧东村人。1960年参与红旗渠修建，参与施工的地段在林州任村镇盘阳村和山西平顺县石城镇青草凹，在渠上主要负责打炮眼、清渣、抬石灰、背粮食等工作。1986年至2006年，主要在河南、山西承揽建筑工程，曾荣获河南省建设行业工程质量的最高荣誉奖"中州杯"。

我叫常栓法，今年78岁，是家里的独子。我1岁时没了父亲。7岁时，母亲改嫁到了山西，我成了孤儿。此后，就跟着奶奶一起生活。当时，家里穷，没有上过一天学。我从小看过什么，一学就会，还善于钻研，总是想办法干成一些事情，家里的活，什么都会做。10岁开始跟着叔叔在队里放羊，一个劳动力是2块钱，挣的这些钱，可以来养活奶奶。15岁开始跟着村里人到处修渠、修路，第一次是在南峪修英雄渠二支渠，我们把一米的渠拓宽到了两米，修了几个月就回来了。之后，在采桑修罐车道。

16岁就上了红旗渠工地

我16岁就参与了红旗渠建设。引漳入林动员大会召开后，公社组织我们上渠，走之前，大家在食堂吃了5个糠饼。当时每个人都拿着一个手巾兜子，里面装着碗筷，手提着就走了。往渠上走的路上，村村都支起了大锅，熬的有小米稀饭，准备着开水，路过的人可以随便喝。

上渠时，我们走的任村坟头西路段，男的走路，女的坐着汽马车。我们大概走了有100里地，到盘阳时太阳还未落山。我年轻，体力还行，有的已经瘫倒在了地上。我们住在了盘阳西北边的一户人家，睡觉的时候，大家排成一排。晚上睡觉，我们民工和连长、营长在一个屋。伙房在另外一户人家。早上一般喝稀饭，每人就分一碗，厨师拿着勺子，扣到碗里，饭量大的，其实不够吃，但就那一碗。上了岁数的人，普遍不洗碗，因为都吃不饱，吃完饭还得用嘴舔舔碗。虽然吃不饱，但是大家有的是力气，干劲十足。那时天气冷，大家就背靠背取暖。

刚到工地，连长人比较善良，看我年龄小，就安排让我当保健员。这个连长在我们队里是副大队长，是个支委。我每天背着保健箱在工地上转，保健箱里装的有碘酒、红汞、止疼片、消炎粉、纱布、止血的药面儿。谁磕着、碰着了，我就给人家包扎包扎；谁哪里疼了，就给人家止疼片；谁的手裂了，就给人家用胶布包一下；谁需要打针了，可以去公社里面的卫生院。

在盘阳施工时，除了当保健员，我还负责挖土、平土，当时镢头是自己从家里带的。红旗渠渠宽8米，高4.5米，渠岸上面宽1.2米。我们在的施工段有200多米长，一共200多人在修。当时大家一直在喊"五一把水通"，我对这个口号印象深刻。因为后面我们到了山西，已经过了五一，喇叭里还在喊这个口号，当时就感觉特别可笑。

青草凹工地的艰苦岁月

在盘阳干了一个多月后，我们分两批去山西青草凹。我是第二批去的，和第一批隔了三四天的时间。去时，经过卢家拐，过了天桥断，直上地势很高的青草凹。当时我们住在一户人家，楼上两间小屋，能住下二三十人。我早上起床早，每天负责叫其他人起床，提醒他们按时上工。每天干完活，专门有人吹号让下工。当时在工地，哪里需要帮忙，我就去帮着干。每个村都有一个炮手，打钎的人也不少。工地上每隔一段距离，就需要建一个防洪桥，得先把渠帮垒砌起来，再建防洪桥。挖渠的时候，都是沙石的坡，镢头都打不下去，比较费力。出渣用的是木头轱辘的车，上面有个木头斗，前面小，后面大，形状和现在的垃圾车差不多，只不过垃圾车是前后一般大，装满土后，再往外推。

　　当时早上天不亮就去工地，干两三个小时再吃饭。早饭一般吃糠，红薯面、玉米面和糠掺着吃。吃饭时，按组来分，一组十二三个人分一桶饭。中午一般吃小米稠饭，里面有扁豆角、红萝卜丝、白萝卜条等，大家排着队，去大锅里面盛。当时每个村都会抽出来一些人，每个人给个布袋，去青草凹的山上挖野菜。我去过两次，捋过阳桃叶子，挖过韭菜。记忆中五一时吃过一次馍，当时感到很知足。省里的豫剧团还来青草凹给我们唱过戏，工地也会不时放电影，让大家赶紧放松一下。

　　在青草凹，我放过炮，点过大炮和小炮。把药装进去，点好后迅速跑开。因为放炮，我们邻村有2个人被炸死。当时听说南景色也发生了安全

▲　工地宣传队　魏德忠摄

事故，城关槐树池大队也有十几个人被砸死砸伤。后来，县里卫生院赵院长去工地给大家开施工安全会议，强调安全问题。从那以后，就让村与村之间掺搅开施工，以保证每个村都有强壮劳动力。除了放炮，我还锻过垒砌拱桥用的石头。锻的时候，有个样儿，是立体的，有底有面，用硬纸板做成，把差不多大小的石头，放在这个样儿上，锻成这般大小，之后把锻好的石块一层一层垒砌。

以传承见质量、见初心

1962年，我17岁。二月初六，我被安排去山西襄垣搞副业。当时一天需要向大队交1块2，一个月需要完成24个工，一共可以挣28块钱。在襄垣，也是修渠引水，二到秋天，没活了，就回了家。

回来后，姑父侯智凵是王家庄村人，是个木匠，我就跟着他做点木匠活。他算是我的启蒙老师，为我今后走上建筑工程这条路奠定了技术基础。1963年，我在河北省分洪电厂干了一年。之后，我们大队在河南南阳开工，修建备战仓库，大队派过去几十个人，我也在其中。此后，一直到1981年，我们大队先后在山西太原、河南郑州、河南洛阳等地承揽工程，建服装厂、车间、食堂、学校等，都是我领着干，当时算是个管家。在建河南省民政厅招待所、京海剧院时，我带领的建筑工队已将近200人。

1982年6月，大队不再承包工程，开始流行单干，我当起了包工头。队里承包工程时，给每个工人一天发4块工资，我给工人发10块。当时承包工程，甲方会给钱，基本不用自己垫资。我先后带领建筑工队承揽了30余项工程。2006年，我获得了河南省建设工程"中州杯"奖，这是河南省省建设行业工程质量的最高荣誉奖。2006年以后，我回来老家，把这项事业交给了两个儿子。

这些年，我一共支持过20个人承揽工程，大多是资金支持，让他们以我的名字贷款。有些创业初期比较困难，从银行贷款的利息我也给他们还了。也有我招标到工程后，分给他们一部分来做。有些家里办红白事，我也能帮忙的就帮了，大家都不容易。

回顾这些年的创业经历，我的体会有两点：一是修建红旗渠磨炼了坚强的意志；二是修渠锻造了过硬的工程质量，树立了良好的信誉。所以，承建工程中，甲方知道我修过红旗渠，工程质量有保证，源源不断地向我推荐工程，咱也是尽心尽力来做，取得了一些成就。

（整理人　李　玲）

王保凤

"修渠是咱的义务"

⑧ 讲 述 人　王保凤

🕐 时　　间　2022年9月9日

📍 地　　点　林州市振林街道西券街62号

人物简介

　　王保凤，女，1945年7月出生，林州市原康镇申家凹村人。1960年正月，不到15岁的王保凤，在老师的带领下上了渠。在工地上打扫过卫生、出过渣、抬过煤。她说："我在渠上听大人说，修渠是咱的义务，一定会修成。"

我叫王保凤，1945年7月出生，林州市原康镇申家凹村人。我娘家兄弟姊妹四个人，我是老二。我娘比较开明，支持我上学，开始是在老窑沟红土甲上小学，又上高小，后来考初中。那时候在合涧二中考试，考上的上公办初中，没考上再去考，上的就是民办学校。我考了两回就到了十方院，班主任叫侯德林，校长姓苗。学费啥的跟公办都是一样的，区别就是考了一次还是两次。几何、代数、地理、物理、政治、常识、化学一共七门课，上了不到两年。那时候成天跟村里搞协作，抬水、薅草啥都整。

从学校出发去修渠

我娘家申家凹是靠天吃水的，家家户户都有旱井，大队发药净水吃。大旱了，只能去担水吃，最远到过和山西搭界的一个岭头上担水。

1960年正月，老师领着全班五六十名学生上了渠，那年我不到15岁。那时候，天天有人宣传，修好渠能浇地、能发电，还有水吃，多方面好处。我就带着准备交学费的钱，卷着铺盖，跟着队伍，步行出发往渠上走，路过家门口，但是没有让回家。上渠时吃饭用的碗是到商店花钱买的，上渠时穿的是棉衣服，天热了，家里托人才把夹衣捎到了渠上。

第一天晚上在县里一中教室睡的。第二天到了阳耳庄，各大队领各大队的人，学生就都分散了。申家凹大队原来一共二十几个村，后来分队分成了三个队，前几年人越来越少，又合成了一个大队。分到大队里才知道，我大姐也上渠了，我就跟大姐一直在一块，她比我大5岁，结婚不到两年。

在阳耳庄，住在西坡空闲的民房里，我们到的时候，房里已经有人

了。十来个人一间屋、都是打地铺，地上铺一层草，上面铺铺盖。学生跟大人一屋睡，我个子小，总是被挤到墙根。我住的屋跟伙房在一个院里，伙房在西屋，我住东屋，都是我们一个大队的人，到饭点不用叫就都起来了。清早吃红薯片稀饭、糠窝子。有人管给舀饭，舀着几片是几片，糠窝子定量。中午小米稠饭、红薯片稠饭。大人们也去摘野菜，杨桃叶、五加皮摘下来，泡得发了甜，就着稀饭吃，总体是大人不够吃，小孩吃不完。

在阳耳庄大概干了两个星期。阴历二月份，我们开始沿着山路往山西走。开始顺着西沟往山上爬，又从山上往下走、再后来踩着一个木板桥过了漳河。又爬了一个老高的土山，咱现在说是上七里、下七里、河里还有九里，走了大半天，最后到了平顺县东庄村。到平顺后，晚上吃过饭就睡觉，屋子里面有提灯，但是都不敢出去玩，因为看不清楚，怕掉河里面。到阴历五月份，就来通知让我下渠了，那时候我们大队修的那段渠岸已经挺高了。

半天劳动　半天上课

上渠时都带着书，一般是上午去工地做半天活，下午去村里找个闲房上半天课。每回下课前老师会说明天几点，在哪上课。记得最清的是原康学校校长原秋堂（音）教的《湖南农民运动考察报告》。在渠上贪玩没好好学习，阴历五月从渠上回来，学校组织考试，数学才考了28分。后来就再没上过学，村里的学生统一回家了。

早上民工走得早，天不亮就都上工了，我跟两个同学，一共三个人，在后头叠叠被子，打扫完卫生才上工地。到工地上啥活也干，打扫卫生、出石渣、往伙房抬煤、从河滩边往山上背沙子。小孩没有民工出力多，不给我们定具体任务量，就跟着大人干，大人干一趟，我们干一趟。

开始在阳耳庄西坡，每天放炮，放炮后得出渣，把碎石头盛到筐子里面搬走，搬不动可以少盛点。后来为了烧石灰，我又去搬过石头，这时候有人记数，搬一趟记一回，搬不动大块的就搬小块。在工地上，都是大人管点炮，我们大队是牛凤才、徐有金（音）管点炮，他们俩现在都不在了。那时候是劈一段山，修一段渠，这样往前修。后来吴祖太、李茂德牺牲了，工地上就特别强调安全。

带上渠的学生一个也不能少

乡里成立了宣传队，上工地宣传注意安全，有说的、有唱的、有编的快板。上面放炮后有碎石头危险，下面不小心掉下河滩也有危险，都得注意。领导来工地也都说安全，山上放了炮有松动的石子没有崩下来，不除了险不能上工。听说最多的是任羊成从山上吊着下来除险，工地每天都放炮，他每天都除险，在哪个地方除险我们就避开（这个地方），去其他地方做活。除过险人家走了，我们再去做活。工地上还有安全员，专门检查安全，有广播员，给我们学生说大的抬不动抬小的，千万注意安全。

在东庄村的时候，民工住在西坡，工地在南坡，从住的地方到工地要过一道河，每天上工、下工都得从桥上走。那个桥就这么宽，刚刚能过去人，底下用木棍子支着，上头弄两根檩条子架着，弄些杂草盖着，上面垫上些沙。人一上桥就得赶紧跑，不跑桥就该上下摇晃了，跑开了人多了压着桥就没有那么晃了。

老师很惦记我们的安全，说天天讲有些夸张，但是上课的时候会经常讲，很注重这个事。嘱咐我们说晚上河里会放水、涨水，不要去河边玩，带上渠的学生一个也不能少。

修渠是咱的义务

我上渠年龄比较小，几十年过去了，很多事都记不清了，但是有几个（件）事我还记得。一是杨贵来工地时，民工一听说是杨书记来了，干劲就更大了。第二件事是李改云受伤的事，在渠上听说李改云受伤后，让直升机接走（治疗）了。第三件事是马有金打钎，他跟俺家是一个地方的，我在工地上亲眼看见过他打钎。我不会打钎，我就拿不动，但是人家马有金是真有劲啊，两只手抓着两根钎，四个人一块打。通过修渠还有个收获，俺家汉子（丈夫）比我大几岁，那时候也在渠上干活，在工地经常会碰上，他是口上学校的，但是我不认识他。下渠后，大概1966年，我21岁时候，我们就结婚了，他说女学生里数我长得齐整。

我在渠上时候，没有人专门管着，做完活就能去耍，始终有一个玩耍的心情，但是经常听大人们说，修渠是咱的义务。从没听说过有人讲价钱，就没有人提意见，都是高高兴兴的，所以我当时想，渠一定会修成的。

（整理人　张晶晶）

李爱英

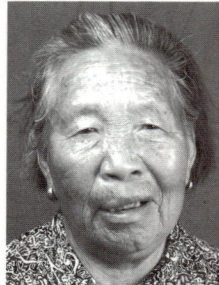

"修红旗渠是我的骄傲"

⊗ 讲述人　李爱英

◷ 时　间　2022年9月14日

◎ 地　点　林州市横水镇上台村206号

人物简介

　　李爱英，女，1942年11月出生，林州市横水镇上台村人，曾参与过大炼钢铁、弓上水库、红旗渠工程建设。1960年2月到山西省平顺县石城段修渠，负责抬筐、打钎、推土。修渠两个多月，因横水镇东四村（上台村、吴家井村、杨家庄村、下台村）吃不上红旗渠的水，所以领导决定让这几个村减少劳力，于农历四月多回家。

我叫李爱英，今年81岁，是横水镇上台村人，家里姊妹六个，我是老大，老二比我小四岁。我上过一年学，当时家里条件不好，姊妹也多，非常穷，后来爹娘就不让我上了。我16岁就从家里出来当劳力，去河顺城北村炼过钢铁，参与过弓上水库建设，也去修过红旗渠。只要队里通知让家里出劳力，我是老大，家里就让我去了。

▲　一扫即见，感受亲历者的原声珍贵讲述

弓上水库脚受伤

1958年，我去河顺城北村炼过钢铁。那个时候炼铁是两个人一组轮替着干活儿，2个小时一换人，这个人炼的时候另一个人赶紧去睡会儿，一会儿再来替换，可不轻松。

冬天的时候，队里又通知让我去搞弓上水库建设。弓上水库我去的时间也不短，前前后后去了两次，主要在那负责铲土、推土，推土的时候还受过一次伤。

当时推土都是用带筐子的那种小平车推，走的路也不好，几乎都是下坡儿路，一个人根本就推不了。所以每组都是2个人，一个人在前面拿着杠子，驾着辕，抬车子，另一个人在后面使劲儿往下压着车子，配合不好就翻车了。我和工地上的李文学（音）两个人搭班儿推土。有一次在推车的过程中，车子装得太满了，他在前面抬着车，我在后面用力往下压着车，结果我俩劲儿没使匀车翻了，就把我给砸住了，我的脚受了伤，也不能走路了，李文学就把我背回去了。当时我们这个安全意识也不强，都是冒着风险在干活儿。

有故事的新绒衣

从弓上水库回去没多久，1960年2月，我就又接到村里大队通知，让去山西省石城修渠。去的时候，我和村里的李用仙、黄改芝、李学堂（音）及邻村的几个人一起走路去的。当时杨家庄村有个新媳妇儿叫苏芝（音），是外地人嫁到林县的。头天刚把她引到家，第二天就让她和我们一起上渠了。以前可不像现在条件这么好，年轻人结婚还可以休个婚假，在当时，没有什么事儿比修渠重要。

2月的时候，天气还比较寒冷，当时身上还穿着棉袄。我们几个背着自己的铺盖卷儿、挑着衣服，就往山西省修渠工地出发了。第一天我们只走到了任村公社盘阳村，大家说不走了，就在这儿住一宿，明天再接着走。趁着晚上的工夫，我和同村的几个女孩儿一起去盘阳村逛了逛。盘阳村与河北省搭界，我们几个人就翻过河沟跑到河北了。那里有一个供销社，我还在那买了个红色带襟儿新绒衣，可漂亮了。后来我一直穿着，穿了好多年，旧了也没舍得扔掉，儿子说那是一个（件）有故事的绒衣。

修渠时看过一次慰问演出

我是在山西省平顺县石城公社天桥断南边修的渠。我住的地方，在天

桥的北边，每次到工地修渠，都需要路过天桥。但是刚开始我胆子小，不敢走天桥，经常从旁边绕着走，这样就比别人多走好几里路。后来时间长了，我的胆子也越来越大了，才敢从天桥上走了。

我在渠上主要就是负责打钎、抬筐、推土，其实都是一些平常的活儿，也没出上啥大力，但是那时候的人都说得少，做得多，都是认真劳动的实干家。

▲　工地演出　魏德忠摄

在石城修渠的时候，我还去山西阳高乡看过一次演出。有一天晚上刚吃完饭，就听其他民工说，今天晚上阳高有演出，想去了赶紧去。我和同村的李用仙、黄改芝（音）就跟着一起去了。走了好久，感觉有三四里地那么远，才到阳高。到那后，人可多了，底下观看的人大多都是阳高和石城的老百姓。当时也不知道为啥唱戏，后来才知道这是咱林县派的演出团到山西去搞慰问演出了，演的豫剧《三哭殿》，底下的百姓听得是连连叫好。

渠上减员回家

在渠上干了两个多月的活儿，有一天连长把我们横水镇东四村的几个民工叫到一起，说不用我们在这修渠了，让我们第二天就回家，也没说啥原因。后来听别人说，是河顺镇东皇墓村附近的夺丰渡槽在修建过程中高度进行了调整。原计划高是十六七米，但是实际上修到14米的时候，就不能再往上修了，最后高度低了约2米，这样水就流不到东四村。我们几个村也用不上红旗渠的水了，所以领导说让这几个村少出点劳力。

第二天，我和村里的李用仙、黄改芝、娇莲（音）几个人就一起回家了。回去的时候，是走路回去的，我们挑着自己的铺盖卷儿往家走。娇莲还带了一暖壶的水，娇莲可能喝水了，和她一起修渠的时候，她一晚上就喝一暖壶水，所以不管走到哪儿她都带着暖壶。走到半路，正走不动的时候，后面过来一个汽车，我们就想拦着这个汽车，让车捎我们一段。

我在渠上的时间不算长，也不是劳动模范，也没有什么突出的贡献。但是每次有人一问你们村谁修过红旗渠，我总是自豪地说，我修过！这是我的骄傲。

（整理人　李柯凝）

郝花芹

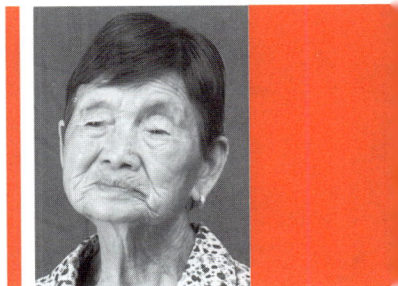

"想再去看看修渠的地方"

⊗ 讲 述 人 郝花芹

◷ 时　　间 2022 年 9 月 20 日

⊙ 地　　点 林州市黄华镇青林村栗园坡自然村

人物简介

　　郝花芹，女，1938 年 1 月出生，林州市黄华镇青林村人。1960 年正月十五，跟随小屯大队到山西省平顺县鸽鹉崖参与红旗渠总干渠的修建。在工地上，她主要负责抡锤打钎、绞空运线，搬卸空运过来的石灰、水桶等工作。

缺水的日子不好过

我叫郝花芹，1938年出生，今年85岁。娘家在黄华镇郝家庄村，家里兄弟姐妹四个，我排老大。

我家以前是在山上住的，7岁的时候林县解放了，我们才搬到了郝家庄，在那里买了地。搬下来之前的日子就是守着山过，地里种什么，就吃什么，虽然也不多，好在不至于去逃荒。但那会儿缺水，最近的一眼泉水离我们家也有很远的距离，只有冬天山上下雪的时候，把雪都积起来，等雪化了，才能吃上水。

十二三岁的时候，我读过一段时间小学，当时还是民校，大多都是晚上上一会儿。不上学的时候帮人家送送信，附近三个村子的信我都送过。只是那个时候大家都觉得姑娘家不用识字，会做活就行了，没有读多久，不过我也算是认得一些字了。

20岁的时候，我嫁到了栗园坡村，刚嫁过来的那两年没怎么在家里待过，21岁参与了县里的大炼钢，22岁的时候响应号召去修渠了。

1958年秋天的时候，林县正在搞大炼钢，我就去跟着炼钢了。一开始白天扫地，晚上去背矿石，矿石不轻，每次只能背那么一小块。我还拉过风箱，每天天刚亮就开始拉，一直到深夜了才让回去睡一会儿。因为太累，感觉刚闭眼没多久天就要亮了。这日子可不容易，在外面待了得有五个月，我才回了家。

响应号召去修渠

修英雄渠的时候我去了，在合涧，离家里有30多里地。当时需要挖沟、出渣，就是把挖沟挖出来的土石装进笸头用绳子拉上来倒掉，我主要负责的就是这个工作。

> 笸头：同扁担配套使用的担挑土石的盛器。红旗渠建设期间各分指挥部组织人员就地取材，用太行山上盛产的荆条编制，节约了大量购置费用。

1960年正月十五，大队里说要出一些人去修渠，咱们林县要引山西的水过来。为了响应号召，我们家出了两口人，我和我公公都去了，是第一批出发的。

当时村子里面的年轻人只有我去了，那会儿我刚结婚没两年，红花铺盖都还是新崭崭的。我卷上一床新铺盖到大队里报到了。我们村离大队还有段距离，当我背着铺盖走到那儿的时候，村里的支书见到我是走着过来的特别惊讶，他说："你来咋也不说骑个驴，咱要走到山西去，你能走得动？"然后他找到我们队长说了他一顿，让他牵一头驴过来给我骑。

出发前，我们在大队开了会。当时领导告诉我们："引漳入林是一个大任务，任务艰巨大家都不要畏难，让谁去谁就去，修成了带着水回来咱就不缺水吃了，咱谁也不能当软蛋！"

从家里走到山西那边，花了两天的时间。路过一个小学，老师和

▲ 英雄渠　魏德忠摄

学生们都还敲锣打鼓送我们，嘴里还喊着口号，说什么"引漳入林好"！我们妇女姑娘们都骑着牲口，男人们背着工具，当时锣鼓喧天的，还真觉得充满干劲儿。

第一天夜里我们是在一个村儿过的夜，时间长了忘了那个村儿叫啥了。只记得当时人家给我们烙了饼喝了水，还给我们押了布袋在地上让我们睡。我公公当时也在，看我们睡在地上，天寒地冻得怕冻着了，于是问人家能不能给个厚点儿的铺盖。结果人家直接把烧热的炕让给我们睡了。第二天天一亮我们就出发了，从我们村到山西本来就远，有的驴个头又小，走的时间长了驴都不干了。特别是后来上山的时候，那些驴累得走走停停，走一两步两个前蹄就跪地上不想走了。牲口都累成这样了，更别说用两只脚走路的人了，大家都很累。

我们住在西丰，应该是现在的牛岭。当时队长给我们说，只带上一天的干粮就够了，结果走了两天的路，最后干粮吃完了，热了热稀饭喝了一碗，到了晚上还是饿得不行。和我们一起去的有一对父女，父亲给闺女带了些炒面粉，晚上吃饭的时候倒在她碗里点，这东西跟金子般珍贵。那姑娘看我也饿，就和我分着一起吃，她吃一口，我吃一口。60多年过去了，到现在我每次想起这件事，都还觉得很感动，想掉泪。

在悬崖边干活

我们的工地在谷堆寺的东边（鸲鹆崖）。这地方在悬崖边儿上，路特别不好走，更别说运粮食过来了。所以一开始，大家都去山头砍树、锯树，把树背回来搭桥。那树一棵棵都是直天入地的，锯下来得好几个人一起扛着，当时也没有绳子，就一个个排成队搭在肩上。桥搭起来，才运来了粮食。

等这些活儿都做完后，就正式开始修渠了。一开始工地上连站人的地方都不好找，悬崖绝壁的，特别危险。所以放炮是最开始做的工作，把工地上站的地方炸出来了，人们才开始在工地上搬石头、打钎。

这时候我是负责抡锤的，抡锤很累，一下接一下打钎，需要花很大的力气，手也会被震得特别疼。再加上又是冬天，也没有手套，手上崩的都是口子。但是后来我渐渐地学到了方法，抡锤的时候抡圆胳膊，我们在工地上把这种方法叫"抡圆锤"。这样抡起来，抡着抡着，时间长了也没觉得有多累。

我们工地在悬崖边儿上，平常走路都需要小心，把工地上需要的石灰和水什么的运过来更是件难事。但工地上大家也赶着用料，技术员带着大伙儿弄成了几条空运线，这些东西就能通过空运线给运过来了。空运线建成了，我和一些工友负责绞空运线、收绳和摘水桶、篮子的工作。这下可真是挨着悬崖边儿工作，悬崖底下是漳河。漳河水可大了，我们绞磨的时候腰上还系着绳子，就是为了防止我们不小心掉下去。

后来我们是哪里要人去哪里，比如，河口那边需要背钎，我们去背了两回钎。等到需要垒石头了，我们就去河口抬石灰。石灰装在荆条筐子里，我和另一个工友一块儿抬了好几天。一来一回，路程很远，我的脚趾都走坏了，到现在也伸不直。路上遇到好人，有的时候能搭我们一程。

难忘的生活

修渠的时候，早起我们一般都吃红薯，有时喝稀饭，早起饭吃过之后就得上工。晌午饭都是在工地上吃的，一个人两个红薯糠饼，再加上一碗稀汤。有的时候，中午吃饭的时候正是放炮的时候。放炮之前也是要吹号的，这炸药可都是千八百斤的炸药，所有人听到号响都开始跑着找地方躲，躲到哪儿就去哪边儿领饭。等到喝汤的时候，碗里落了放炮扬起来的灰。晚上大多时候回到住的地方，在那边吃面条汤，喝稀饭。

在西丰我们是住在人家家里的，但是自打开始修渠，没有见过人家，也很少见村里的老百姓。我们总是天还没亮就早早上工走了，晚上下工回来都黑洞洞的了。我们住的人家家里是一对儿姐弟，也是因为这样的原因，很少和人家打照面。

除了一天三顿饭，偶尔也会有点别的吃的。像我们工地上会有人去摘点儿山上的花椒叶子，再拿食堂的盐拌着当菜吃。我刚开始干活的那段时间，晚上会有点吃不饱，到了晚上还是会饿得慌。那会儿每到傍晚，在附近生活的山西老百姓会出来卖糠饼，一个糠饼切成四份，一份能卖5分钱。我们那会儿饿了会买一份儿垫垫肚子。但是时间长了，就觉得每天没那么饿了。

从家里出发的时候身上装了10来块钱，那会儿这已经不算少了，但总归在那儿花不了什么钱，最后也没用完。记得有一次给我们放了一天假，我们到附近的一个供销社去逛了逛。我印象特别深，当时管营业的是一个老头，胡子长得能到胸口，这个人也特别"怪"，供销社里的东西说多少价就是多少价，一分也不往下还。逛了一圈儿，最后买了一点软枣回来。

珍贵的友谊

在修渠的时候，我也交到了朋友，遇到过不少有意思的事儿。拿之前给我分炒面粉的姑娘来说，从那时候起我俩跟亲姐妹一样。有一次食堂来慰问了，发给我们一人六小茶缸的炒面，我公公当时不吃，也都给了我，这样一来我也有不少了。每次晚上饿了，就倒一点到稀饭里搅着吃了。后来她少了，我就跟她一起分着吃我的。我记得人家的好，在我饥的时候，她分给我一口吃的，那我有多余的吃的也会给她吃。

说到有意思的事儿，工地上的广播员让我印象最深刻。他们可真厉害啊，什么话都能变成顺口溜，能说会道的，我到现在还能记得两句。一个是在我们刚上山的时候，有个叫王焕金的广播员鼓励大家的话："漳河水长又长，走到漳河不想娘。"一个是我在空运线绞线的时候，广播员说的："四个绞轮绕得欢，好似仙女下了凡。"

工地在山上，到处都是石头。我去工地上的时候只带了一双鞋，都是纳的布底鞋，很容易就摔倒了。后来队里有一个专门给钉鞋的，不收大家伙儿的钱，给大家钉了前后掌。虽然硬，但是所有人都是常年在悬崖边儿上干活儿的，这样的鞋底才是更安全的。人家从来不收我们的钱，说这是服务大伙儿的。于是我们一到阴雨天，就去帮人家搓绳子，想来是能帮帮忙也算是感谢人家了。

从不后悔去修渠

5月的时候，工地上不需要那么多人了，准备让一些人回去。念到谁的名字谁就能回家。我实在是太想家了，但一直没听见人家叫我，我差点以为自己这次回不了家了，结果我的名排在了名单最后。

回来的路上没有骑牲口，走了一天实在走不动了，就在附近的食堂喝了一碗稀饭。又继续走了好久，才走到了我娘家。我背着走的时候新崭崭，回来已经旧了的铺盖，灰头土脸的。当时我娘正在村里的食堂干活，看见她之后我立马掉眼泪了，因为我太想家了。我娘看见我瘦了好多，她也心疼得直哭，给我说："快进屋里去吧，我给你做些吃的。"然后她拿红薯面给我捏了些红薯疙瘩。我觉得这是我吃过最好吃的饭。在娘家住了一晚后，第二天我回了婆家。

我从不后悔去修渠，有的姑娘出发的时候是哭着去的，但我是笑着去的，我很愿意去。要不是有县委，有杨贵书记，咱也吃不到山西的水，没有红旗渠，咱们可能还在过愁吃愁喝的苦日子。

这些事儿已经过去60多年了，我时不时地还会给我的孙子们讲我在渠上的这些事儿。我想啊，什么时候他们能带我去我修过渠的地方看看就好了，到时候我再给大家介绍介绍，好好给大家讲讲当年我修渠的事儿。

（整理人　齐若惟）

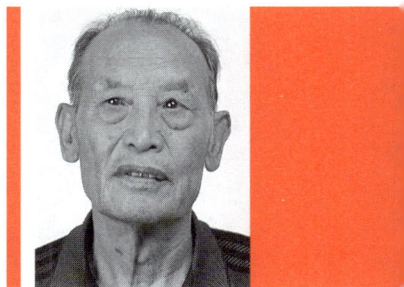

索林德

"多次参与修建红旗渠"

👤 讲 述 人　索林德

🕐 时　　间　2022年9月23日

📍 地　　点　林州市采桑镇呼家窑村

人物简介

索林德，男，1945年1月出生，林州市采桑镇呼家窑村人。1960年，他在采桑公社读民办学校的时候，接到学校要去修渠的通知，随师生们一起前往山西省平顺县石城公社青草凹，主要从事抬煤、背粮食。后来又多次参与红旗渠修建，在工地上从事抬筐、出渣、打钎等。

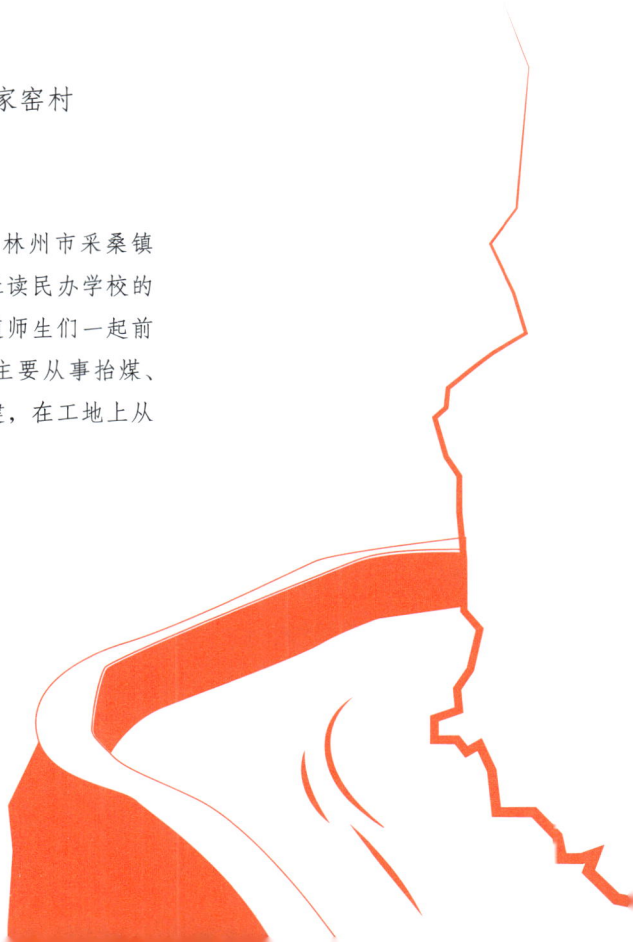

半日学习　半日劳动

我叫索林德，1945年1月出生，采桑镇呼家窑村人。

我8岁开始上学，在本村读完了小学，小学毕业后，初中读了采桑的民办学校。1960年2月份，我刚领到初一最新的课本，就听到学校要开"引漳入林"誓师大会，学生们都去开会了。那时候，校长在会上说要在渠上"半日劳动，半日学习"。我听了很激动，刚刚领了新课本，也能在渠上继续学习。

随后，我直接从学校跟着大部队往山西省平顺县石城公社青草凹了。我们步行一百来里地，走了一整天。我们到盘阳歇了歇，第二天才到了青草凹。我去的时候，带着碗和被褥。那时候，我没有跟父母说去修渠的事，因为一提修建红旗渠，林县人民都知道，我父母会知道的。

> 青草凹：行政村。山西省平顺县石城镇辖。含青草洼、新发、老角3个自然村。亦写作"青草洼"。

到了青草凹，我们没住在青草凹村里面，我和呼家窑二队的呼成法住在青草凹河边的一处土窑里面，窑洞不是很大，只能睡两个人。

第二天上午，我们开始学习上课，有物理课、自然课，下午就抬煤、背粮食。那时候，我们没在青草凹村里上课，也找不到教室，就在野外上课。老师带着黑板，用木头支起黑板，在黑板上写着字，我们围在老师周围听课。

下午就开始抬煤和背粮食。煤和粮食都是各大队的汽马车运过来的，运到伙房。路上经过天桥，汽马车过不来，我们就自己劳动，抬着煤、背着粮食过天桥，接着运到伙房。抬煤用箩筐，背粮食用布袋。抬煤的时候，我拉着箩筐和另一位同学一起抬着煤，慢慢走过天桥；背粮食的时候，我一开始背不了20多斤，背的次数多了，摸着门道，就会背几十斤的粮食了。那时候，有二三十名学

▲ 警戒号　河南红旗渠干部学院供图

生抬煤、背粮食，学生们很积极，干劲很大。

　　天桥南头有民工开工修渠，天天放炮。我们每天抬煤、背粮食有时候还能看到放炮开山。炮手放炮的时候，天桥就封了，桥上不能过人。那时候，吹号手吹三次号。吹头一次号是说"下工"，修渠民工离开工地，炮手留在工地。吹二次号是说"点炮"，炮手点炮放炮。吹三次号是说"解放"，告诉大家安全了，人们才能上桥走路。

　　　警戒号：开山放炮时靠号声来做提示，关于爆破号令有三种，一是戒严号，二是点炮号，三是解除号。在解除号未响以前，任何人、畜、车辆禁止通行。

多次参与修建红旗渠

　　1960年5月左右，我从工地回到家。

我从工地回来后，就不再去上学，开始由队里负责修红旗渠劳力的安排。那时候，一个大队需要选出5名修渠民工。呼家窑大队用抽纸条的方法来决定谁去修渠。抽纸条的时候，先在纸条上写上1至20的数字，由各个小队选出的民工总数达到20位，再来抽。从前往后排，前五名的去修渠，一个月换一次。我抽中好几次，多次上工地修渠。

1962年的时候，我到任村修建红旗渠。过了坟头岭的桑耳庄，往西走坡边有个庙，这就是我修渠的地方。我在渠上主要是抬筐，民工们把一些碎石头装到抬筐里，我再抬出去倒掉，整天跟石头打交道。天天在碎石块、碎石头尖尖的路上走着，磨着磨着就把鞋底磨破了。一个月磨破一双鞋，一年至少需要12双鞋。那时候，我不会补布鞋，磨破的布鞋就寄回家里，媳妇在家做着布鞋、补着布鞋，弄好后一个月往工地寄一次。多亏了媳妇做的布鞋，没有她做好的布鞋，我可没鞋穿了。

1963年的时候，我到盘阳修建红旗渠。在盘阳村北边，过了一个山坡就是红旗渠工地。我在工地上主要是抬筐、抬石头、出渣。

1966年七八月的时候，我到桃园渡槽上传石头。那时候，早上还能吃上馍，吃上软稠饭。在桃园桥东边的坡边上，我们一吃完饭，就跟民工们排队传石头修建渡槽。那时候，石头已经锻好了，我们各自站得小两米远，排成一队，从石头那到渠上，一个石头一个石头传，一个石头一个石头接，就把石头运到渠上了。这样不是很费力，干活也快。在渠上，我也打钎、抬筐，以工代劳。有了几次修建红旗渠的经验，我干起活也很熟。

1967年后，我也参与了红旗渠加固加高的工程建设。在任村阳耳庄修渠的时候，我们学毛主席语录，用毛主席的话激励我们干活的动力，毛主席的话是我们的精神食粮。在卢家拐也加高加固过红旗渠，那时候，我们

还戴着毛主席纪念章修渠。

我多次参与修建红旗渠，红旗渠给我留下了深刻的难忘的记忆。近几年，儿子还带我去看了看修渠的地方，回忆那段修渠的岁月。

（整理人　王彬尧）

元心琴

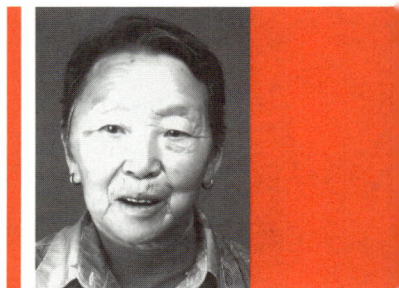

"真没想到现在过上了这么好的时光"

⊗ 讲 述 人　元心琴

🕐 时　　间　2022 年 9 月 26 日

📍 地　　点　林州市振林街道化肥厂家属院

人物简介

　　元心琴，女，1940 年 6 月出生，林州市横水镇东下洹村人。参加过英雄渠、弓上水库的修建。1960 年正月，她随修渠队伍先到任村公社卢家拐村，后来到山西省平顺县石城段修渠工地参加劳动。在工地上，她抬过石头，推过簸箕车出渣，拣过石头烧石灰，在渠上度过了一段难忘岁月。

我叫元心琴，1940年出生，今年83岁。娘家是横水镇丁家沟村，婆家是东下洹村。小时候家里穷，要过饭，受了不少罪。我在河交沟修过弓上水库，修过英雄渠，到山西省石城修过红旗渠，林县的水利工程基本上都参加了。

苦难家世

我老家原来是东姚黄路坡，五六岁时，爹得病死了，他长得啥样我根本没有一点儿印象。娘带着我和哥哥一路要饭到了横水小崔垴。听娘说，当年逃难时，有一次，皇协军在后面追，娘是小脚，拉扯着哥哥和我跌跌撞撞往前跑，好歹捡了一条命。

有一次，天上有飞机，飞得很低，把树叶扇得呼啦呼啦响。我们一家人躲在山崖下，趴在里面不敢动弹。

我娘是个苦命人，6岁时候，因为还债被卖给地主家当丫鬟。有一次，当兵的抢了地主家。我娘那时年龄小，被留在地主家看家。有个当兵

▲ 弓上水库　魏德忠摄

的心眼好，说丫鬟也是受苦人，才让娘侥幸留了一条命。我娘19岁时，又被卖给一户人家做小，男人比他大20多岁。

爹得病死后，娘带着我和哥哥一路要饭，先后走了两家，最后到了丁家沟。后来，我又有了三个弟弟，大兄弟比我小7岁。辛辛苦苦把儿女们拉扯大，老娘64岁就去世了，没有享过一天福。

去河交沟修水库

我19岁时，去合涧河交沟修了五六个月弓上水库，具体哪一年记不清了。

修水库时，丁家沟村去了100多人，只有我一个女的。我们步行去水库工地，背着木杆，挑着铺盖，拿着锹镢，带着自己的碗筷。

当时，我们住在合涧河西大队一个牲口圈里，地上铺了一层秆草。当时，我和河东村的米先（音）、永梅（音）住在一起。我去时只带了一条小被子，冷得不行，就和一个叫银花（音）的打通铺。

那时候，东下洹是公社一个基点，包括卸甲坪、小崔垴、东下洹等村子。在水库工地上，连长是东下洹的伏开（音）。横水公社的领导是李朝仁。

卸甲坪大队有一个叫霍保（音）的人，在家当生产队长。他不相信工地上活儿有多累，后来就让他到工地干活抬石头。几天以后，他就累得不说话了，服服帖帖，皮蔫蔫的。

水库工地上，保才和郭学堂（音）负责在东坡上打老炮眼。广成（音）是炮手头，负责放老炮。放老炮时（声音）不响，主要为了崩石头，为垒

砌大坝准备石料。

一个叫秃二的人，家里没有其他人，长期在工地上干活。还有一个叫文才（音）的，由于家庭成分不好，两口子都在工地上干活。

我在工地上抬过石头、烧过石灰，也捻过炮捻儿，总的说来不是很累。工地上女同志不多，照顾女同志。有时候，我们这些女的也去合涧集上背面粉。路远，我们背不动，路上碰到推着车子的好心人，就会替我们捎着走。

天越来越冷，连长就叫我们几个女的提前回家了。

初到漳河边

1960年正月的一天，具体日期记不住了，队里通知我们到常路郊修英雄渠。在那里干了几天，领导又说不在这里干了，我们就步行往任村公社的修渠工地走。

我们走到任村公社卢家拐村，在这里住了一天。领导说这里人不少，又让我们移到山西省石城公社。卢家拐村西有个络丝潭，水很深，上面有一座天桥，几根铁丝绳上铺了木板供人来回行走。石城公社上面也有一座天桥，也是几根铁丝绳上铺着木板。人走在上面，一颤一颤的。

我们刚到山西省石城工地上工时，住在漳河北岸的修渠民工都要通过天桥到工地。每天上下工过天桥时，民工排成一排，每个人隔开一两尺宽距离。李自然（音）和赵富林（音）两个是退伍军人，站在桥两头拿着枪维持秩序。我记得李自然在桥东头，一直喊"注意安全，不要挤"。有时候过桥时，桥颤起来一摆一摆的，上面的人吓得就赶紧蹲下来停一会儿。

绕天桥路远，后来就在漳河上搭了一座简易木桥，供民工上下工通过。漳河不很宽，我们叫它浪漳河。为啥叫它浪漳河呢？因为漳河水急、泥沙大、颜色黄，红方巾掉到水里捞上来就变了颜色。工地连长叫王伏林（音），一直安置我们："不要跌进河里，跌到河里捞上来就没命了。"

漳河边风大，河沟里经常刮风。民工回到住地时，用手一摸，脸上就有一层沙灰面。有的人戴着风镜，防止风沙迷眼。女的一般戴着方巾裹住头，防止风沙刮到头上。我记得在卢家拐村时，有天夜里和几个同伴经过漳河上的木板桥，到对面的河北省涉县张家头村买了一尺二寸布。回来后，自己做成袖套，缝到袖口上，风就钻不到袖口里。这是我在工地上的唯一的一次购物经历，记得很清楚。

在工地抬筐出渣烧石灰

我在工地上抬过筐、出过渣、烧过石灰，领导让干啥活儿就干啥活儿。

我们住在石城村外的野地，搭起帐篷，有好几间房子那么大，好几十个人挤在一起。住帐篷最怕的就是下雨天，帐篷漏雨，没地方躲雨。

我们刚开始在工地，就是劈土、清理渠基。我还推过一段时间木头轱辘的簸箕车出渣，这种车推着很沉。

在修渠工地，我干的时间较长的是拣拾青石烧石灰。我和爱金、米先等人一块在河滩上拣拾石头，拾到筐里后抬到石灰窑。负责烧石灰

的都是上点岁数的。当时的石灰窑都是明窑，先把石头垒好，外面用泥一抹，点上火就开始烧。有时候脚冷，我们就把脚伸进石灰里，热乎乎的。

工地上的妇女连长叫张宝贝（音），娘家是丁家沟的。女民工谁来了月经、生了病，就给妇女连长请假。

往工地走的时候，领导没说干多长时间。干一天活儿，都累得不行，有的人想家想哭了。我修过水库，修过英雄渠，又来修红旗渠，自己从来没有哭过，心想在哪里干活不是干活？

工地上的人很多，干啥活的都有，现在快记不起来了。东下洹的马新河（音）当技术员，他用小撬一别渠岸上的石头，看到没灌好浆就会让你返工。灌浆就是用桶和好石灰水，灌到渠帮石头缝里。丁家沟的张保记（音）负责点炮。这些人现在都不在了。

我在工地待了四五个月时间，回到家时，天已经热了。看到我还裹着方巾，村里人笑话我，其实山西比林县凉快，不太热。

没想到现在过上了这么好的时光

从修渠工地回来后，第二年我就结了婚，后来再没上过修渠工地。

我的老伴叫赵有生，去世5年了，他如果还活着，今年82岁了。他有文化，是1960年第一批上渠的，在渠上干了很长时间，修过青年洞，还在渠上受了伤。有一次，他在工地上推车出渣，不知道怎样平车把他拽下了半山坡，脊椎骨受了伤，后来一直腰疼。

我有四个儿子，五个孙女，四个孙子，现在也见了重孙女。老大、老三和老四都在县城买了房子。我现在住的房子就是老大的化肥厂家属院。

　　以前，修水库、修渠时候，忍饥挨饿，吃不饱穿不暖，过得那是啥时光？真没想到现在过上了这么好的时光，国家也给发养老钱，一年发两千多元。真是知足了，越活越高兴，越活越好！

（整理人　陈广红）

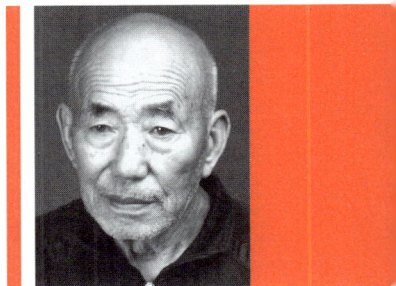

赵合年

"参与开凿曙光洞"

⊗ 讲 述 人　赵合年

🕐 时　　间　2022 年 9 月 29 日

📍 地　　点　林州市东岗镇下燕科村

人物简介

　　赵合年，男，1947 年 3 月出生，林州市东岗镇下燕科村人。1964 年秋，年仅 17 岁的赵合年到红旗渠总干渠任村公社白家庄段修渠。在工地上，他主要负责在河滩的大石头上凿炮眼放炮崩石头、备石料。他还参加了三干渠户寨岭曙光洞 13 号竖井的开凿工作。1969 年 4 月，参加了丁冶曙光渡槽修建工程，主要负责锻石头备料工作。

我叫赵合年，1947年农历正月出生，今年75岁，林州市东岗镇下燕科村人。年轻时候，我去任村公社白家庄修过红旗渠总干渠，参与开凿过三干渠上的曙光洞，还修过丁冶渡槽。后来，当过石匠、泥瓦匠，还去修过铁路。

> 曙光洞：红旗渠工程中最长的隧洞，为红旗渠三干渠穿越卢寨岭的隧洞。起于今任村镇东卢寨村东，全长3898米，宽2米，高2米。为便于施工，凿竖井34个，其中20米以上竖井23个，最深的18号竖井深61.7米。1964年11月17日动工，1966年4月5日竣工。

村北两口水井从没干过

我家中弟兄四个，我排行老四，高小毕业那年13岁，就和赵书林、雷春仓（音）两个小伙伴一块在生产队放牲口。

1958年，上燕科和下燕科还是一个大队，后来才分开成了两个行政村。下燕科村虽然在山岭上，（但）即使大旱的1959年，我记得村里也没有缺过群众吃的水。因为在村子的北沟有两口活水井，两口井相隔几十米，水很旺。这两口井再旱的年头也没断过水，从没干过。井边的地也种过菜，就是用井水浇地。缺水时，人到下面舀水，附近村子的人也赶着牲口来这里驮水。

据村里老人说，这两口井是公共的，属于上燕科村所有，是解放以前打成的。具体啥年代弄不清，井下岩壁上刻着字。井没有打成前，十分干旱的年头，燕科村也得去东岗的北木井村驮水。

▲　开凿曙光洞　魏德忠摄

　　我记得没有修红旗渠以前，有一年大旱，麦子没有长开个儿，有拃把高，得用眼篓去收地里的麦子，那一年一个人分了60斤麦子。红旗渠三干渠修成以后，村里建了排灌，像南沟的雷家老坟、散余沟，大部分都能用上渠水。粮食产量就高了，一亩地能打麦子七八百，甚至千把斤。

在红旗渠工地备料石

　　大概是1964年秋前，具体记不清了，我去任村公社尖庄、白家庄那一段修红旗渠总干渠。那时候，渠底已经铺好了石头，渠帮还没有垒成。我们住在尖庄对面白家庄西坡一个涵洞里。工地上有四五十个人，打着地铺，就是在地上铺层茅草，茅草上就是自己的铺盖。

我们的工作就是抢锤打炮眼、起石头、抬石头，为垒砌备石料。这些都是体力活，没有记得工地上有女民工。我们那时候年轻，每天去河滩上找那些大石头，在大石头上凿开小炮眼，塞进炸药把石头劈开，简单磕敲磕敲后抬到工地。

当时，一个村分一段渠线，燕科村有40多米长。在工地上，连长是赵万保（音），司务长是赵文华（音），伙夫是段天伦（音），负责技术的是东卢寨的付荣现（音）。石匠是雷石有、赵万有，那时都是50多岁。现在，这些人大部分都不在了。

当时在工地上的伙食要比刚上渠时候好多了。早饭是红萝卜条小米做的软稠饭，中午饭是馍菜，菜有萝卜、南瓜和豆角，晚饭是红薯面疙瘩汤。那个馍是连头馍，可不都是白面馍，白面馍隔几天吃一次。村里有专门往工地上送菜的，段金果、段随子（音）隔几天来送一次。

虽然在渠上活儿累，吃得不好，但那时人的精神好，都不偷懒。

穿错棉裤磕掉牙

在工地上的事大部分都记不清了，只有两件事一直忘不了。

一件是我和段伏喜（音）穿错棉裤的事，另一件是赵俊生访古磕掉赵文华两颗牙的故事。

当时我们去工地的时候，天还不太冷，都穿着单衣裳。后来天冷了，

送菜的给我们从家里捎来了棉衣、棉裤。那时候都是穿的大裆裤，段伏喜比我大一岁，个子又差不多，我们两个人就把棉裤穿错了。快过年时回到家，我们才知道穿错了裤子，大家伙都笑话我们俩。

在工地上，晚上也没有啥娱乐活动。有一个叫赵俊生的人好访古，就是讲故事。由于白天干了一天，其他人听一会儿就瞌睡得不行睡过去了，只有赵俊生还在那儿说个不停。有一次，赵俊生讲罢故事去小便，一不小心被什么东西绊了一下，一屁股蹲到司务长赵文华的头上。谁知道那么巧，正好把赵文华的两颗门牙磕坏了，两个人打了一架。

开凿曙光洞13号竖井

从红旗渠总干渠工地回来后，我又参加了三干渠曙光洞的开凿工作，前后修了一个多月。

曙光洞需要钻通卢寨岭，洞口在下燕科村，出口在东卢寨村东面。洞子有七八里长，高2米，宽2米，需要放炮崩。为了加快进度，就打了34个竖井，每个竖井有两个工作面。我参加开凿的是13号竖井，最深的竖井是18号竖井。

> 竖井：也叫"立井"。为增加施工工作面而开凿的与地面垂直的井筒。用来提升渣石，上下人员，兼以通风和排水。

我们那个竖井都是硬石头，都得放炮崩。先打竖井，井壁用马棘圪针条编成的笆条固定住，以防石头往下掉。打到深度后，分两班往两面打。

井口安个大辘轳，四个人绞着出石渣。一班6个人，两边各3个人，每天中午12点、夜里12点交接班。我和段相书、雷关锁（音）等一个班，段相书比我大三四岁。

> 辘轳：红旗渠输水隧洞施工中模仿水井提水工具制作的供竖井出渣使用的提升工具。由底座、支架、木笼、横轴、轴承、摇把、吊绳等组成，人力转动摇把，使吊绳盘绕在转动的木笼上，达到提升渣土的目的。

上一班快下工时放炮，下一班等烟跑完时才能下去，用筐把石渣抬到竖井口，用辘轳把筐子绞上去。我们平时的工作就是打炮眼、出渣。打炮眼一般是先打中间的炮眼，在中间放炮后，再在圆圈打炮眼放炮。这炮有朝天炮、平炮，抡锤有正手、反手打法。半天能打两三个炮眼，炮眼的深度有六七十、七八十公分。在洞里照明得提着马灯。

当时我们住在家里，在上燕科村七队场房集体支锅做饭。吃的是从东北买的高粱面疙瘩，香得很。隔几天吃一顿白馍，改善生活。那时候老百姓家里还是吃糠咽菜喝稀饭，工地伙食要比家里好得多。有时候我剩下一个白馍，带回家里给小侄儿吃。我记得后来还到南坡领了几十斤木薯干和红高粱，说是修三支渠节余的粮食。

1965年以后，我就去山西打工当石匠了。实际上每天挣5块钱，交生产队3块，自己落下2块。

1969年4月，我还到东岗罗匡南坡上起料石，为丁冶渡槽准备石头。村里的赵万有、雷石有、雷黄年（音）等人在工地上锻石头、起料石、下石窝。我们大致把石头破成石块，用排子车拉到桥下。

　　红旗渠修成后，我当过石匠、泥瓦匠，还去修过铁路。年龄大了，去县城给人家看了十来年门。两个儿子、一个闺女过得都不赖，都有自己的事，孙女在南开大学上六学。

（整理人　陈广红）

岳二红

"红旗渠上学会石匠手艺"

👤 讲 述 人 岳二红

🕐 时   间 2022 年 10 月 13 日

📍 地   点 林州市开元街道岳西峪村

人物简介

　　岳二红，男，1946 年 9 月出生，林州市开元街道田西峪村人。1960 年，和父亲、二姐一块儿上了修渠工地。在工地上，背过沙、捻过钎、抬过筐，学会了石匠手艺。

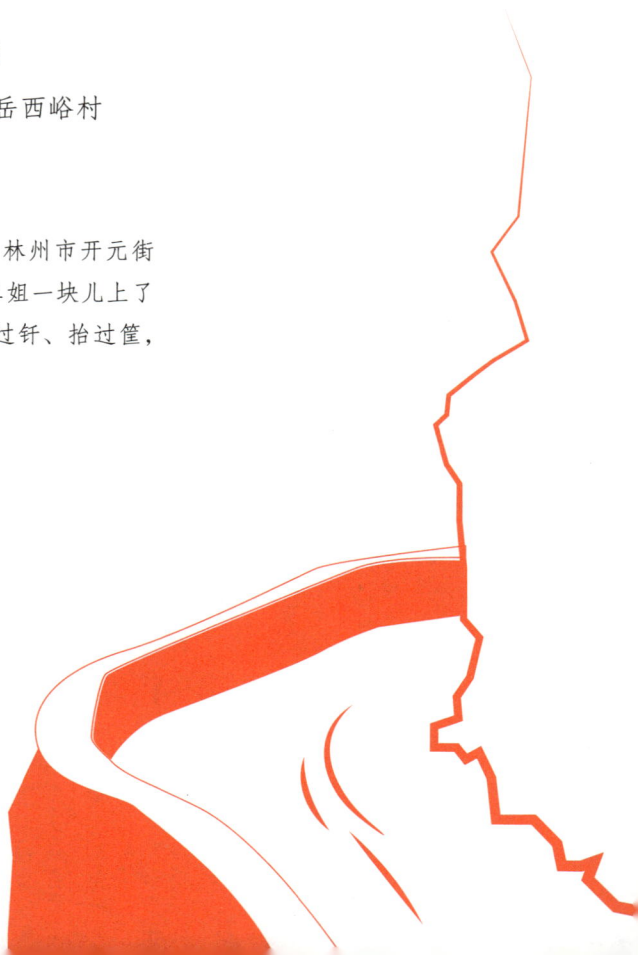

"半工半读，让去支持红旗渠"

我叫岳二红，1946年9月出生，今年78岁，林州市开元街道田西峧村。过去我家算得上中农成分，住的四合院，家里有三个男孩四个女孩，我在家里排老四，23岁那年结婚。我初中没上完，被通知去修渠，我和我爹、我二姐，都去修过渠。1959年和我爹在范家沟修"南水北调"，1960年正式开始修引漳入林，1964年去桃园修十二支渠。在工地上我背过沙子、捻过钎、抬过筐、垒过窑洞，最后也学了技术，成为一名石匠。

我们大队有"十个西峧"，分别是岳西峧、潘西峧、黄西峧、田西峧、王西峧、三王庙西峧、崔西峧、胡西峧、李西峧、谢西峧。以前西峧是比较出名的地方，都是做生意的，所以大家日子过得还不错。我家是九小队——田西峧，以前叫新桥沟。当时我们这里不缺水，一到夏天，遍地是水。那时候给我们这里的男孩子说媒，女孩都不愿意过来，觉得我们这里都是水。以前家里还是比较富裕的，我爹还领着大家打井，打井的时候经常把自己家蒸的馒头分给大家吃。修红旗渠之前，我们村就有四五个井可以浇地。

1959年修"南水北调"，就是从英雄渠、弓上水库往北边调水。大队在西山边挖沟，我和我爹在范家沟挖了一个冬天。我爹叫岳林山，当时他顶不住，得过浮肿病，就让我去南谷洞替他，我大概去了三个月。后来，领导们嫌水太小，才开始引漳入林。我考初中的时候差了两分没考上一中，上了民办中学，上了一年多，去河顺修过铁路，回来之后学校就解散了。1960年通知让我们云修渠，老师对我们说"半工半读，让去支持引漳入林"。

向红旗渠工地出发

1960年，我们从家里到学校集合，再一起去工地上。当时大家都很积极，背着铺盖步行，天黑才走到。天黑了我们住在马刨泉，到住地之后，我们就把住的地方铺上草和树叶子。我爹和我二姐都在那，我们还能见到。我爹在北坡工地上管打钎、抬筐，我二姐在渠上当广播员，当时工地上广播经常会鼓励大家要多干，多抬筐。

我们去的时候老师还提醒我们都带上针线，自己的衣服破了自己缝，在工地上，几乎没有人不穿带补丁的衣服。我还记得我们一起去修渠的同学有岳来生、韩贵财、李土根、田魏玲……

住的地方距离工地有七八里，往工地走也没有大路，还得下坡，每次下工的时候都得排着队跟着走。工地在山西河南两省交界地方，在谷堆寺附近。北边工地在坡下，南边在堑下，北边工地平坦一些，我当时去南边的堑还害怕了，怕自己掉下去。

我们第一天去到工地上，渠底才修了三四米宽，而且修得也不平，一直打炮也是坑坑洼洼的。在工地上我们的工作主要是背沙子，从漳河下面直接往上背。沙在河西边，背到工地，大概有5公里，路也特别难走。背沙旁边是<u>天桥渠</u>，通到赵所，我当时还从上面走过。背沙走这条路会近很多，但是有一个坡又长又不好走，特别害怕。那时候只有铁锨能铲沙子，没有运输的工具，让自己生法。我就用裤子去背，把裤腿一扎，当时勒得背上都是印子，一次能背不少的沙子，背沙是定任务的，一天要背够多少趟，大概背了两个月。在工地上我还装过窑，烧灰的窑都是露天的，比我们现在住的房子还大，当火上来了，那个烟是乌泱乌泱的。下面的烟上来了，大家都相互推着往外面跑。

天桥渠：渠首亡山西省平顺县马塔村，至任村镇赵所村止，全长17.5公里。因渠水流经漳河天桥断南侧得名。1956年11月开工，1958年5月竣工通水，由盘阳、木家庄、卢家拐、赵所4村投资共建。1968年12月至1983年底，又进行了两次大的技改扩建。

除了背沙子，我在工地上还负责捻钎。铁匠炉在半坡上用支架支着，下面几十米还盖了个安全层。一个大队有两个人管点炮，点着的时候要拼命地往安全层那跑。我们工地有个人叫张启辉，比我大个三五岁。他点炮的时候，自己捻炮眼，往炮眼下雷管的时候，不小心把自己烧着了。他滚

▲ 炸山取石　*魏德忠摄*

到下面，大家赶紧去给他灭火、脱衣服，整个脸蜕了层皮。我和其他人一起把他抬了回去，我们工地上的医生郭天意也赶紧跑过来帮他处理。还好，张启辉没有啥残疾，好了之后又回到了工地上，我们还说他"之前脸很黑，现在蜕了层皮还变白了"。

在工地上，早上是稀饭，中午吃饭有人送，一般都是喝糊涂汤，就是白水混着玉米面。因为缺水，我们吃饭的碗也不洗，经常是找不到自己的碗。听我爹说，他们50多岁的人身体正硬实，天天都吃不饱，还从家里带了干红薯叶熬成汤喝，下了工饿得不行沿路还会薅野菜吃。吃饭的地方离上工的地方有一二公里。在工地上吃饭连长还要求我们不能坐着，要在半坡上吃，还要瞧着在哪里放炮，闪开落石头的地方。

我们当时的营部在河口，我还和其他人一起去领过筐子和工具，去供销社买风镜。因为一直刮风，工人眼睛基本都睁不开，不戴风镜根本干不了活。在工地上也没有剃过头，我们学生回去的时候一个个头发都很长。下工的时候去看过电影、听过戏。

学会了石匠手艺

我从工地回来，又去学校上了一学期课，1961年秋天去河顺修铁路。1962年春天又去修红旗渠，我当时还比较小，连长不太想要我，看我挺利索的，才说先试试吧。我在工地上主要就是抬筐、挖洞、出渣。我们在东坡上也修过一段，在这就是垒墙、抬石料，往上面加高加固。上午放炮都把人撵到河滩上，不让他们在村上待着，怕掉落的石头砸住，12点以前一般放完炮，再让他们回来。我们那个队有二三十号劳力，在家只能够记10

分，来到红旗渠工地上一天能记十二三分。

1962年在木家庄修渠的时候，上面通知让去皇后开通水大会。开完通水大会，然后我们就到石楼开始挖渠线，每个人定任务，用小车推，每天要挖3方。那个时候自己还比较小，下工了还能跑回住的地方，第二天再上工，有的人直接就住在工地上了。在这里生活比总干渠好很多，送菜的点也比较近，服务很到位，至少能吃上馍了。

在这里我还学习了砌石头的技术，才成了石匠。我的石匠老师是申树齐，他还教了我们砌石头的口令"杵着谷堆墙缝齐，从大排小往上行"。我们砌石头面必须一样，里外两边面要求是一样的，中间要求没那么高，有的都是乱石填的，下面厚上面薄。上面要求20公分，下面就是50公分、40公分、30公分，一层层往上走，从大到小往上排，每天都要完成任务。1964年我去桃园修十二支渠，在这也是砌石头。我去选石头，会有人刨石头，我们就下堑去开，需要什么石头，我们就按照规矩来，一般需要2到3个人抬石头。砌完石头以后，每天都垒到渠边上，最小不小于20公分。这个手艺也是跟了我一辈子，不修渠了也能靠这个技术混口饭吃。

（整理人　程亚文）

杨秋元

"从开山炮手到军分区司令员"

⊗ 讲 述 人　杨秋元

🕐 时　　间　2022 年 10 月 29 日

📞 讲述方式　电话

人物简介

　　杨秋元，男，1945 年 9 月出生，林州市横水镇杨家窑村人。1962 年初中毕业后走上修渠工地，担任炮手。1963 年 12 月入伍，成为 63 集团军炮兵团的一名战士。在红旗渠精神的滋养和激励下，他凭借修建红旗渠练就的吃苦耐劳、敢打硬仗的品质，在部队中不断成长，历任战士、班长、排长、参谋、团参谋长、团长、旅长、副师长、师长、军分区司令员。2000 年 3 月转业至山西省人防办任党组书记、主任，2006 年退休。

参加誓师大会

1960年初，林县县委隆重举行引漳入林誓师大会。大会上，工、农、商、学、兵各界代表争相发言，当时正在横水读初中的我和李变金作为学生代表参加了誓师大会。

我记得很清楚，当时我上台做了表态发言，积极参加伟大工程，假期到工地上搬石头垒渠岸，支援大人参战。

我的同学李变金则组织宣传队演唱了革命歌曲。

誓师大会以后，整个林县都沸腾起来了，人人都想为改变家乡面貌出一份力。

少年炮手展神威

1962年下半年，我初中毕业后，决定替换父亲上山修渠。

我扛着铁锹和铺盖卷，和村里的大人们步行近百里，从横水公社杨家窑、太平庄一直走到与山西、河北交界的任村公社木家庄村。记得当时我们就吃住在木家庄村西南角的一个大院里，吃的是从家中带来的小米和咸菜，住的是大通铺，冬天屋里没有炉火，晚上睡觉人们紧挨着互相取暖，倒也其乐融融。

红旗渠总干渠要从村庄上面的半山腰通过，我们的责任地段在木家庄南山山梁突出部，山势陡峭，需要从半山腰开出渠道。杨太山和我担任爆破手，为了加快工程进度，尽快将漳河水引入林县，我们决定在山上打竖井炸山，在半山腰炸出一个施工平台。

▲ 放炮开山　魏德忠摄

当年的说法叫"点老炮"，就是在山梁上先向下挖掘10米后，再挖一个拐弯2米的洞。洞内放100斤炸药300斤煤50斤盐，插入50个雷管引出导火索并用湿土捣实封闭。为确保渠线施工安全，工地上统一号令实施爆破，导火索燃烧时间约10分钟，我们要在10分钟内把50根导火索逐一点燃。

长这么大头一回点这么多炮捻，看着前面点着那些"哧哧"冒烟火，心里扑通扑通跳得厉害，赶紧从山上跑下来到安全洞里观察。"轰轰轰"一声声沉闷的炮响，大地像地震一般震颤摇晃。半个山头的石头滚落山涧，大家再把炸松的山体石块一点一点地挖掘清平，形成红旗渠的基底。

红旗渠精神激励我成长

1963年12月，18岁的我应征入伍，成为63集团军炮兵团的一名战士。

1973年冬季，炮兵部队长途野营拉练，我是作战训练股副股长，因股长缺位我奉命主管指挥工作。我发扬修建红旗渠的精神，白天组织部队行

动，晚上收集情况起草战斗文书，每天只休息三四个小时，一个月内有三份经验材料得到了军首长肯定。我被破格提拔为军炮兵团参谋长，那时我28岁。

修建红旗渠的经历，磨炼了我不怕苦不怕累、敢打硬仗的性格。在部队中，凭着林县人不怕吃苦、不服输的犟劲，凭着在修渠过程中当炮手练就的本领，我一步一个台阶，不断成长。

1981年初，我担任团长。部队驻地阳曲县西山发生大火，我带领全团官兵奋战24小时扑灭山火保住了万亩松林。新华社发通稿表扬"部队发扬'两不怕'精神保护人民群众生命财产"。我任师职干部十多年，以红旗渠英雄为榜样，廉洁奉公甘于奉献，被北京军区评为"学雷锋先进个人"。

"十五"期间，我在红旗渠渠首那边的山西省人民防空办公室任职，大力宣扬红旗渠精神，努力贯彻《人防法》成绩突出，被国家评为"人民防空工作先进个人"。

斗转星移，50多年过去了，我从一个血气方刚的青年成了一个退休老军人。其间，我多次回到林县，多次到红旗渠参观。看着半山腰的红旗渠，我时常感慨，自己从一个农民的孩子成长为部队师级干部，是修建红旗渠锻炼了我，是红旗渠精神始终激励我昂扬向前。半个世纪以来，红旗渠精神激励林州儿女创造了无数奇迹，使林州从一个干旱缺水、偏僻落后的山区小县变成了一个繁荣富强、山清水秀、远近闻名的世界人文山水城市。红旗渠精神深深融入了我们林州人的血脉。

我为自己参加过修建红旗渠而感到光荣和自豪。

（整理人　李振华）

张录英

"国家一定不会让浇不到地的群众挨饿"

⊗ 讲 述 人　张录英

◷ 时　　间　2021年3月8日

◎ 地　　点　林州市五龙镇碾上村

人物简介

　　张录英，女，1942年2月出生，林州市五龙镇碾上村人，先后参与过大炼钢铁、修建要街水库和红旗渠工程。1960年，19岁的张录英背着铺盖、工具，带着碗筷，和工友们一起，步行了两天到达山西平顺县石城公社王家庄修渠工地。在工地上打钎、抬筐、背石头。干过多种工种，用自己的包单包着煤饼，为石灰窑背煤饼，工作从不落后。虽然知道红旗渠修成通水后，泽下公社（今五龙镇）不能受益，但没有怨言，她说："大家都是一个县的人，别的地方能浇地，有粮食了，国家一定不会让浇不到地的群众挨饿。"

俺家里有一个哥哥、两个姐姐。我19岁去修红旗渠时，哥哥成家后分家另过，大姐嫁到了河头村，家里我和爹娘、二姐挣工分。

16岁时我在要街水库工地干活，在工地上管担土、抬夯、拉碌子。我在那里两个来月，中间我爹去替过我几天。四个人抬夯，中间有人扶着老杆，喊着："抬呀么抬起来哟，嘿！抬呀么抬起来哟，嘿！"当时工地上管理很严格，抬夯必须抬得漫过头顶，不漫过头就算抬得不好，担土担得不满不给票。我们住在河沟席子搭的帐篷里，地上铺点草，铺上席子，要是雨天下得大了就漏水，漏得厉害了地上也流水。记得有一天雨下得很大，帐篷里没法睡，就把被子叠起来用石头垫着，人坐在被子上，我还带了个黄布伞，头上打着伞，就这样坐了一夜。有人没伞，就往我的伞下挤着躲雨。后来才搬到村里人家里住。在要街水库工地上时，生活条件不好，我娘怕我在工地上饿，有一次还托人给我捎了三四个红薯糠饼，都是我娘平时节省下来的。我在要街水库工地干了两个月，后来就回来了。

后来我也参加过大炼钢铁，在那里背矿石，大的背不动，就背小的，再小的背得少了也不行，更小的就得拿好几个。拿不了，就把外面穿的裤子脱下来，捆上裤脚，从裤腰把小矿石装在里面，装好几个再背在肩上走。夜里加班干活，困得不行，我们两个女的上厕所，蹲在那里两个人互相搭着肩膀都能睡着，就这样迷糊一小会儿歇息，也有人来检查，后面还得赶紧走。

▲ 一扫即见，感受亲历者的原声珍贵讲述

响应号召去修渠

1960年初，大队开会动员大家去修渠，向老百姓讲了修成渠后就有水浇地了，生活就会变得更好。当时我哥是队长，都是先让自己人去，让我和二姐去，让我们准备一下，去修渠。我和二姐就把衣服洗好，破的地方缝好，收拾好自己的东西。我们队里去了十来个人修渠，女的有王喜英、胡黑英、聂兴娥，还有我二姐张兴英和我。

当时大队带队的是张希银（音），大家都是从家里带着铺盖、工具、碗筷，还烙了饼让在路上当干粮。我还带了一双鞋，带了两身衣服，去时还穿着棉衣，后来又捎来了单衣。我们女的带着锹、镢等轻一点的工具，男的背着大锤、钎等重一些的工具，大家一起步行往工地走，走到县城北边天都黑了。前不邻村、后不邻店，我们就在河沟住。找一块平整点的地方，用脚把地上的小石头踢到一边，铺上被子，就这样在野地里睡了一夜。早上起来，被子潮得快能拧出水来。起来继续走，一路走的小路，快吃晚饭的时候我们才走到山西平顺的恭水村，上的一个岭叫圪针岭，陡得很，我们就先住在恭水村。在王家庄修渠工地干活，我们一看要在这高山上修渠，想着要是修不成不让回去，这啥时才能修成渠回家呀，男人们怕我们哭，就说渠修得快着呢，很快就修好了。

当时领导从家里带着锅，我们村和城峪、马兰几个村合用一个伙房，在一起吃饭。我们十来个姑娘住在村民家的拐角楼上，因去时是步行，路远也拿不动那么多东西，就这还走得脚上都磨出了大水泡，一瘸一拐的，有的姑娘疼得在路上哭。每人只带了一条被子，楼上铺着席子，在席子上铺一半盖一半。我二姐比我大3岁，能照顾一下我，我俩睡通铺，铺一条被子，盖一条被子，还好一些。还有人到山上寻来些干草，铺在被子下面保暖。

▲ 愚公移山　魏德忠摄

工地干活不落后

　　我在王家庄东坡上干活，恭水到王家庄有路，但修渠工地在半崖上，没有路。男人们就在前面一边走一边修，修了一条勉强能走人的小路，两个人都没法并排走，只能一个人一个人挨着走。前面的人劈一点山，修一点路，后面的人再接着修整，慢慢就修得宽了。红旗渠是在半崖上修的一条渠，上面也是崖，下面也是崖，再下面是漳河水，工作很危险。一般都是好几个人一起，男人走得快，女人走得慢，都相跟着，也就不害怕。为了在崖上打开平面，用绳拴着人腰打老炮眼，崩开一块地方后，就有了一块平面站脚。崩开靠山的石头，腾开地方当渠底，石头抬到边上用来垒岸，太碎的石头渣就倒掉，中材料用的石头都用来垒岸，不大的石头两个人抬，大的石头四个人抬。一般是男人管抬石头，有时候男人不够班了，我们女的也和他们配班抬石头。

领导平时开会经常强调让大家干活时小心，注意安全，我们用柳帽当安全帽。大家听说有的地方出了事，伤亡了人，心里也会害怕。我在工地打钎，和王全成、王喜花一起。我们也要用绳拴着，打一下悠一下，打一下悠一下，只等到打得地方大了，能站下人，保证安全了，就不用绳拴了。也干过抬石头、抬渣等活，都是这里有活就做这些，做完这样做那样。离崖边近的地方出渣时就用锹往山下撩，离崖边远的地方，出渣就要用筐往外抬，我和聂兴娥、喜英、梅英等一起抬过筐。大家干活都很积极，汗流在脸上迷了眼，就用胳膊袖擦擦，都不想逃懒落后，人都争个脸。我们几个姑娘干活很过硬，在我们大队也很有名，开会时还表扬我们说，看谁谁干劲真大。大家还编了顺口溜表扬我们："又背镢头又背锹，俺把红旗渠修开它；又抡大锤又背锹，俺把老炮打开它；又抬石头又抬筐，你看俺干得欢不欢。"

生活艰苦不怕难

我去修渠的时候脚上穿了一双新鞋，带了一双鞋，在渠上走山路，每天在山上踩着石头干活，很费鞋，后来又让送粮食的人从家里捎了一双鞋。捎东西的人多，都写上名，怕倒错了。那时也没有车，都是赶着驴驮着粮食往工地送，记得一个叫王九的本家叔叔去送过粮食，送的有玉黍、菜、米等。我们天天在工地上抬筐、抬石头，衣服也磨得破得很快，所以大家都有垫肩。垫肩去时就带着，在家的鞋子穿破了，就把旧鞋帮连在一起，缝成垫肩来用。

> 垫肩：劳动保护用品。多由旧衣料裁剪加工而成，前有细绳头可系，抬土石或扛石料时用于保护肩部。据史料记载，为支援红旗渠建设，仅1960年，林州商业部门即供应红旗渠工地垫肩2万多个。

那时生活都比较苦，早上经常是稀饭、红薯、窝头。一个人多少都称好，饭就是水里下米、放菜，再打上糊，饭打到碗里吃。因工地离住地远，为了省时间，中午由伙夫用铁桶把饭送到工地，我们早上上工时就用布兜装上碗带到工地。中午一般是稠饭、汤，挑到工地给大家吃。晚上一般也是稀饭、红薯。偶尔改善伙食，中午会送白面馍，一般是小米稠饭，加上杂菜、扁豆角等。记得我们村有个叫王文先（音）的管做饭。

当时我们都是穿的大襟衣服、大裆棉裤，穿着自己纳的黑布鞋。在工地上都是整天做活，也没有人打扮，没有抹过脸、没有（抹）过口红、没有描过眉。你是去做活，你当你去留洋了，抹点什么还不够出汗冲。在工地上我们洗头时，没有现在用的洗头膏，把柴火灰泡在水里搅一下，再澄清后用来洗头，可以去头上的油，大概一个月才洗一回头。后来才有了胰子，可以买来洗头。那时也没有卫生纸，姑娘们来月经时都是用的自己缝的布带子，用过的回去洗洗再用。

> **胰子：**肥皂在林州俗称"胰子"，多为黄色透亮的长方体。主要成分是高级脂肪酸的钠盐或钾盐。用榨过菜籽油后的下脚料等经皂化制成的颜色发黑、价格低廉的称"黑胰子"，即"黑肥皂"。黑肥皂是红旗渠工地建渠民工使用较为普遍的洗涤用品，为肥皂的一种。

去工地时我们这些女的也带了些针线活，上工的时候没时间做，只有下雨不上工时，才能做一会儿针线活。要是白天上工，早上起得早，工地路也远，下工回来吃饭天都黑了，晚上干一天活，都太累了，也顾不得做就睡了。我们都没离开过家这么长时间，有人想家，特别是感冒、生病的时候会更想家，有的姑娘还哭。我还好一些，和姐姐在一起，有个伴。

工地上干活都有任务，各村渠线多长都有量。开始去工地时天冷，穿着自己做的布鞋，脚也冷，没有手套，干活磨得手上都是茧子。要是小一点的石头，大家就挨着传递石头，天冷，手上崩裂口，没有胶布包，就用线缠上裂口继续干活。工地医生也少，这些小伤大家也不去找医生，要是石头磕破了哪，大点的伤才去找医生包，小伤疼点大家也习惯了。工地上没有水喝，也不像现在一样有水瓶带些水，渴得不行就去一里外的石灰窑喝点水，没有滚水有冷水，就这样喝点。当时的人都受罪，上工下工走得远，工地干活也累，但也没有怨言，都想着赶快把渠修好。

工地憧憬美好未来

我家老伴儿当时也在工地上干活，我们都是一个村一个队的，他叫王买根，比我大两岁。他在工地也是抡锤、打钎、打炮眼。当时大家都不知道红旗渠什么时候能修成，也对以后有些拿不准，不知道什么时候才能回家。

我们虽然都认识，但当时没有什么往来。他估计觉得我这个人不错，有一天中午吃了饭，我们俩先往工地走，走到一个有一间房子大的老炮洞里，只有我们两个人。他问我："录英，要是真正在渠上当60年工人，你准备怎么办？"我也没多想，就说："没什么准备，那就当个老闺女呗。"他说："不是开玩笑，正经问你呢。"我说："那要真正不让回去了，总得再想办法吧。"他说："你也得有打算，要是我们真的都回不了家了，我们就在一起吧。"我说："中吧，你可好歹不要给旁人说，这得回去给爹娘商量一下，爹娘同意咱就走一起，不同意就两走开。"二姐当时也还没出嫁，我连她都没说这件事。那时对以后也看不到方向，当地有人说我："小妮呀，这可是要在渠上当60年老工人了哟。"我本来就想家，谁要是再说得在工地上当60年老工人，我就很不开心，气得慌。

> **老炮：** 一般的炮通常指由一根钢钎打出来的直眼，仅装入一管左右的炸药。老炮炮眼由小炮不断爆破挖掘而成，最大的能容纳下数人在炮筒内施工。其炸药装填多，可达百公斤或数吨不等。爆破威力巨大，多用于渠线开挖。

那个年代的人不像现在的人，虽然我们是一个队的，都在工地上干活，经常见面，但我们再没有单独见过。除了这一次，也再没说过感情的事，只是我们心里都有数，连一起走都不敢，嫌人家笑话。我们两家离得不远，后来我们从渠上回来后，他爹娘找了媒人来我家找俺娘提亲。俺娘又给俺哥商议了一下，大家也都互相比较熟悉，也就同意了。从渠上回来一年后，我21岁、他23岁的时候结的婚，腊八典的礼，我要了4身衣裳、100块钱的彩礼。

心怀无私有大爱

我在工地上还去背过煤饼，让工地上的石灰窑烧石灰用。石灰窑在恭水村下边的坡根，出窑时我们也都去抬石灰，抬到一起用筛子过一下，垒渠墙时石头下都要坐上石灰泥，怕漏水。背煤饼要从王家庄村边路过，但天天做活，也没有时间去村里转转。谁需要买什么东西就让领导给捎来，我家里穷，没去买过一次东西。背煤饼一次能背3个。没有袋子，我们就用自己的包单包着煤饼背，煤饼染脏了包单，就洗洗再用。半天背两回，也就是6个煤饼。路上要过桥，桥有些软，走到中间一走一暄，只害怕眼晕腿软掉到河里去。

平时一般也不休息、不请假，除了下大雨不能干活，才能休息一天。要是生病了，让医生给开些药，再给开个病号条，才能休息养病，吃过药病好了再去上工。

后来，我们在工地上都知道就是红旗渠修好后我们泽下公社也受不了益，水不会流到我们这里，但是没有人说"咱这浇不了地咋了要来修渠，咱走吧"这样的话。大家都说，都是咱县的人，别人浇了地，收成好了，有粮食了，肯定会给我们拨粮食过来的，不会让饿到咱。从没想过咱也浇不了地，不修了，只想着国家一定不会让浇不到地的群众挨饿。想着国家这样来修渠，红旗渠肯定不会修不成。

　　我们是刚割完麦子时回来的，那时我们村分的这段渠就垒成了，让一多半人回来，一少半人留下收拾收拾。回来的时候还是步行，记得当时还是食堂，走到姚村借了人家的锅，做了稠饭，一个人吃了一碗。原来说要住一晚，后来领导说这么多人去哪找地方，就这样走吧。我记得是月亮地，就不睡觉慢点走，从东姚那里回来的，走了一天一夜，还是背着镢头挑着铺盖，走得脚上都是水泡，疼得一会儿棱着脚走，一会斜着脚走。记得有个人走得又累又困，还掉到了河里，还好人多救了上来。

（整理人　郭玉凤）

胡黑英

"现在做梦还会梦到修渠的事"

⊗ 讲 述 人　胡黑英

◷ 时　　间　2021年3月9日

◉ 地　　点　林州市五龙镇碾上村

人物简介

　　胡黑英，女，1941年2月出生，林州市五龙镇（原泽下乡）碾上村人。她先后参与过大炼钢铁、修建要街水库和红旗渠工程。1958年上半年，年仅17岁的胡黑英与同村人一起到要街水库工地劳动。1960年正月，她接到小队队长通知，让她和村里人一块去山西修渠，在工地上抬过筐子、背过煤饼、搬过石头。她说："俺们现在看电视，一看到电视上有打钎的，听到叮叮当当的打钎声，就像又回到了过去修渠时候。现在做梦还会梦到修渠的事。"

俺叫胡黑英，娘家是五龙镇碾上村寺沟自然村人。俺娘51岁就不在了，俺爹80岁去世。俺家兄弟姊妹四人，兄弟两个，姊妹两个。我是老二，俺家姊妹两个都没上过学。俺十二三岁就开始去地里参加劳动，挣半个工。

我年轻时去县北边参加过大炼钢铁，去要街水库劳动过，也去山西修过红旗渠，啥都赶上了。

大炼钢铁"放卫星"

先说去县北大炼钢铁的事吧。具体日期记不清了，记得当时在食堂，小队队长通知我，让我第二天去县北参加大炼钢铁，说要放卫星。那时候不知道啥是放卫星？心里高兴得很。后来到那里以后才知道，就是七天七夜不让睡、不停工。

去的时候，我和寺沟的胡张英、胡桃英（音）一块儿去搞钢铁。她们有的比我大一两岁，有的小一两岁，现在都不在了，去世好多年了。

搞钢铁时，连长是城峪村的牛武成，嗓门儿大得很。还有一个七峪村的叫崔九成，在那里挎着长枪，来回溜达着管检查。

大炼钢铁时，俺在工地上管拉风匣、砸矿石、背矿石。背矿石得去西山根背，矿石沉得很。当时有一个领导是马兰村的，叫福金（音），他说咱这样吧，咱先把矿石从山脚背下来，藏到麦地里，第二次来的时候就不用跑远路了。谁知道，让人打了二手了，不知道让谁偷走了，领导也气得没法子。

当时，碾上大队有五个自然村，分别是寺沟、岩上、上二沟、下二沟、碾上。当时，泽下公社东山这一片的老百姓都在一块儿干活儿。

搞钢铁时，每个人都挑着一个小铺盖卷儿，住在老百姓的闲房子里。吃饭是分饭吃，红薯论斤，中午饭是稀稠饭，女的够吃，男的不够吃。从县北边大炼钢铁结束后，同村几个人步行回家。迷了路，晚上几个人只好睡在麦秸垛里，着了凉，腿抽筋疼得不能走，可遭了大罪了。

谁都不想落孬种、不落懒

俺也去修过要街水库。要街水库离家好几十里地，步行去的。当时只记得天热得很，一开始让往坝上挑土。当时，公社有个领导李建红（音）负责工地。

因为俺的年龄小，在工地上喊了好几天夯。工地上有十几个夯，一个人专门管喊夯。怎么喊夯？那就是见到什么喊什么，捞着什么喊什么。

比如，李建红来工地检查了，就喊：

"来了一个李建红哎！"

大家就喊："嗨哟！"

"同志们哎！"

"嗨哟！"

"大家吃挺气哎！"

"哎嗨嗨哟！"

"同志们抬起夯哎！"

"哎嗨嗨哟！"

"夯夯不离砸哎！"

"哎嗨嗨哟！"

你不喊就吃不挺气，喊喊你就吃挺气了。现在想想都成了笑话了，这都成了古话了，你们年轻人都不知道。最多时俺喊过十几个夯。在水库大坝上垫一层土，就得打一层夯。

要街水库后来发大水，把大坝冲毁了。那一天，做饭用的是浑水，只有小米是白的。

修水库时，民工住在老百姓家里，打地铺。当时，谁家都缺房子，不像现在房子都很宽裕。

在水库工地上，挑土时发牌子，挑满一担土才给发一个牌，箩头里土不满、平了就不发牌，就等于白干了。

记不清那牌子有啥用，可能是记工分吧。担土累得不行，往坡上走，哭都顾不上哭，哭也没有泪。那个时候的人，谁都不想落孬种、不落懒，光觉得挣得牌子少了丢人。

俺记得当时岩上村刘玉荣（音）给了俺两个牌，他去干其他活儿了，没有用了就给了俺，到现在俺还忘不了。那牌子是一头绿、一头红，要紧得很。

工地上有广播员，一直在广播，谁挑土挑得不满就广播谁，就不给你发牌。工地上铲土的只管铲土，挑土的只管挑土。年轻人光怕丢人，谁都想多挣。咱其他不会，光会出力。

俺在工地上还推了几天罐车。两个人推一辆罐车，推石头。一推哗啦哗啦响，到那里以后，一翻石头就滚下去了。

修村上的小水库受了伤

在水库工地上，俺劳动了两个月，本家一个叔伯哥哥去替下俺。俺就回到了家，第二天就又去上二沟修村里的小水库。

俺在小水库工地上，也是抬夯，谁知道第一天抬夯的铁索就断了。一下子把俺撞到水库底下了，水库里没水，都是石头，还没垒成。俺的两个手脖子就断了，骨头都折了。现在想想还疼得钻心，真是受死那个罪了。当时，我穿着俺娘的布衫，两个胳膊肿得那么大，因为俺的衣裳窄小穿不上。工地领导都来看俺了，也都很着急。

那天上午，一个本家姐夫用小车把俺送回家，他们都劝俺赶紧喝点水，就让俺喝了半碗水。后来才知道那不是水，那是小孩尿，说喝了这个就不会攒在肚里血，老百姓是这样说的。

那时候，医疗条件差，没去医院，就找了一个放羊的给我捻了捻，接上了骨头。人家用木板夹着断骨头，两手不能动，让骨头归了槽。俺两只手都不能动，疼得哇哇大哭，疼得要命。回到家里，瞧我疼得可怜，家里人都没有吃饭，邻家也都吃不下饭。

人家都干活了，只有自己受了伤了。这谁也不能怨，只能怨自己。

修渠是国家的事，不能不去

说起去山西修渠，具体啥时间记不清了。1960年过了大年，有一天，小队队长聂林（音），是俺的一个叔伯大爷，他通知俺明天去山西做工。一个小队去几个人，那个时候让你去就得去。修渠是国家的事，不能不去。

俺去时带了一张锨，挑着自己的铺盖，和村里一伙人相跟着步行往工地走去。每个人都带着自己的碗筷和铺盖，再带一件工具，锨或者镢头都行。俺还带了两双新鞋，自己做的布鞋，去时没有说得多长时间，俺就带了几块零花钱，那时候家里穷都没钱。

第二天一早，民工就上了路往县北走。在路上，有一对没过门的两口子，已经定了亲，农村就算两口子了。男的20多岁叫栗拴筐（音），女的叫王竹平（音），男的比女的大一两岁。快到河头村时，男的心疼女的，男的想替她拿拿铺盖。竹平怕人说，就用胳膊肘捣男的，不让他帮自己拿东西。那个年头儿人都封建，男女都不说话，女的害羞。

大部分人都是第一次出远门，在路上走了几天时间才到了山西，时间太长了都记不清了。反正很远，俺们村到县里100里地，县里到山西也有100多里地。去时小队给了点儿小米，让在路上做两顿干饭。

几十年过去了，俺就还记着这件事。现在，这两口子早去世了。他们从修渠工地下来，回到家就结婚办了事。女的竹平身体不好，有肺病，年纪很轻就去世了。

光知道王家庄和恭水两个村名

修渠时，俺们住在山西石城公社一个叫恭水的村子里，住在一户人家的五间楼房上边，就地打铺。那时候，一个小队一小段，紧挨着。晚上点着煤油小黑灯，没有手电筒。

在工地上，司务长是碾上大队岩上自然村的侯六妞（音），管做饭的是聂银锁（音），他也负责往工地上送饭。

恭水村离工地有好几里地。工地就在村子的下边，在一个大拐弯里，离王家庄不远。上工是下坡，不累，下工是上坡，五六里地，走小路，不好走。每天起床时吹起床号，上工时也吹号，天明就吃饭，吹号的是泽下村的。

上工时，各人带着各人的饭碗。在工地上口渴了，营部就在工地边上，用席子搭个棚子，有凉水，让民工喝。吃的什么饭？不是啥好饭，早饭是稀饭和一头儿宽、一头儿窄的红薯面饼。中午饭是做饭的银锁送到工地上，吃的是红薯叶稀稠饭。他挑一桶饭，挑一桶水。吃饭不是想吃多少就吃多少，而是分饭，男的不够吃，女的够吃。有的人吃饭时，吃点饭就往里倒点儿水，吃吃再续点儿水，稀汤儿灌大肚，就觉得吃饱了。

俺在渠上抬过筐子、背过煤饼、搬过石头。那时候也没觉得咋苦，都是那样干活的。抬筐子，就是筐子里面装着石渣，两个人抬着到岸边倾倒在坡下。俺记得和同村的张录英一块抬筐子。背煤饼是用来烧石灰的，不过漳河，具体啥地方不清楚了。要用一个大包单把几块煤饼子装到一块，好背，也不往衣服上沾黑灰。俺记得三个人一起背煤饼，一个叫聂虎平（音），一个是锁林（音）媳妇，去世也好多年了。背煤饼的领导是城峪村的牛金山（音），他和俺们一起背。

俺村的王全成（音）当时20多岁，在绝壁上打过钎。他年轻、胆大，负责点炮。一般小炮不用躲，放老炮就得躲躲。有一次躲老炮时，俺躲在王家庄一户人家的厨房里。老炮一响，地都震得动了一下。

那个时候，在山西做了几个月工，就光知道恭水和王家庄两个村名。其他地方根本没去过，也没工夫去，去了你得请假。俺背煤饼时请过一回假，让领导开了个条子，洗了半天衣裳。请假条就是领导在白纸上写了几个字，管检查的见了条子就不批评你了。

光说修渠，洋气不起来

那个时候俺20岁（虚岁），去时还冷，穿着掩襟大衣裳、大腰裤，也就是大裆裤，衣裳领子是白的。俺梳着两个长辫子，后来剪成了短的。那时候，谁要是戴个绿方巾，脖子上围个白色的围巾，那就觉得很洋气。

在渠上天天和石头打交道，南山根风又大，民工的脸上、手上、脚上被吹得都开裂口子，那是家常便饭。工地上，民工没有戴手套的，那时也没有手套，打钎也不戴手套。民工干活都是穿着夹鞋，不能穿棉鞋，棉鞋一出汗冷冰冰得难受。干活时出汗，穿着夹鞋一会儿脚就暖和了，就不觉得冷了。有的人脚上开了裂口，越开越大，就用缝衣裳的针线缝缝，这样长得才能快一点儿。有的人脚上冻得有了疙瘩，暖过来以后痒得不行，光想去石头棱上蹭蹭。

那时候的人光知道干活，不知道打扮。女的抹点儿雪花膏，就觉得好得没法。在工地上，俺记得当时为了洗头，就花钱买了个大铁勺子，就是个黑铁盆子。

当时洗衣服没有洗衣粉，黄胰子都很稀罕，黑胰子有味道。20

▲ 工地上的女同志　魏德忠摄

来岁的大闺女都穿着大襟子衣裳、大裆裤，美不起来，但是也不觉得难看。那时候的人都光说修渠，洋气不起来。

俺们去时穿着棉衣裳，后来天热了，没有换洗衣裳。俺就给俺娘捎信，让给俺做了一身单衣裳。家里让上二沟村的山林（音）给俺捎到了工地。

那个时候的人都好领导，让干啥就干啥。民工在工地上团结得好，干起活来，都不说笑。

只要下了决心，都能修成渠。不是说功到自然成，铁梁也能磨成针么。

现在做梦还会梦到修渠的事

后来，天热了，工地上、驻地蚊子、苍蝇很多，嗡嗡乱飞。条件真是苦，就这俺们都没有打过退堂鼓。

那时候，领导和民工一块儿干活，谁也不偷懒，也没有懒人。

俺从修渠工地回来后，再也没有见过红旗渠。第二年，经媒人介绍，俺就和聂冬云结了婚。虽说都是碾上大队的，但不是一个自然村的。当时谁也不认识谁，媒人说他是老实人，俺就嫁到了碾上自然村。

俺家是寺沟的，有泉水，吃水不发愁。碾上村缺水，以前吃水去井台上挑水，旱年头得去二里多地的沟窑头南坡上找水。现在水方便多了，吃水靠抽水，抽到家里的水井里。

红旗渠水流不到咱这地方，虽说俺们修渠没有得利，也不后悔。当时修渠，那是国事，国家的大事。其他地方有了水，有了粮食，也不会让咱

饿着。

俺现在也给后辈年轻人讲过去修渠的故事，年轻人听了都觉得不可能。

俺家老伴叫聂冬云，去年（2020年）去世了，有四个子女，两个儿子，两个女儿。老大高中毕业，老二初中毕业。两个儿子都在外打工，老大原来当电工，退休了，现在又出外打工了。

俺两个儿子都在县城买了房子，现在就俺一个老婆子在老家住，过年都回老家过年。俺一个大孙子上大学后，在北京工作呢。

俺现在觉得这时光好死啦！这样的生活真足啦！生活真是越来越好了！

老伴在世时，俺们有时候看电视，一看到电视上有打钎的，听到叮叮当当的打钎声，就像又回到了过去修渠的时候。现在做梦还会梦到修渠的事。

（整理人　陈广红）

李菊英

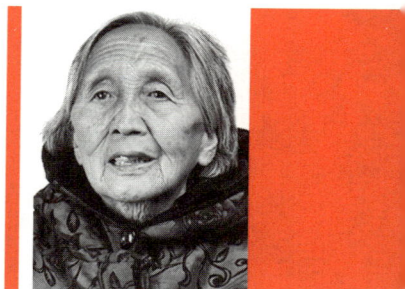

"我在修渠工地上当广播员"

⊗ 讲 述 人　李菊英

◷ 时　　间　2021 年 3 月 10 日

⊙ 地　　点　林州市横水镇寒镇村

人物简介

　　李菊英，女，1941 年 10 月出生，河南省林州市横水镇寒镇村人。家中兄妹四人，一个妹妹，两个兄弟。1960 年参与修渠，在山西境内渠首石城段劳动，是工地上的广播员，主要负责工地宣传工作。

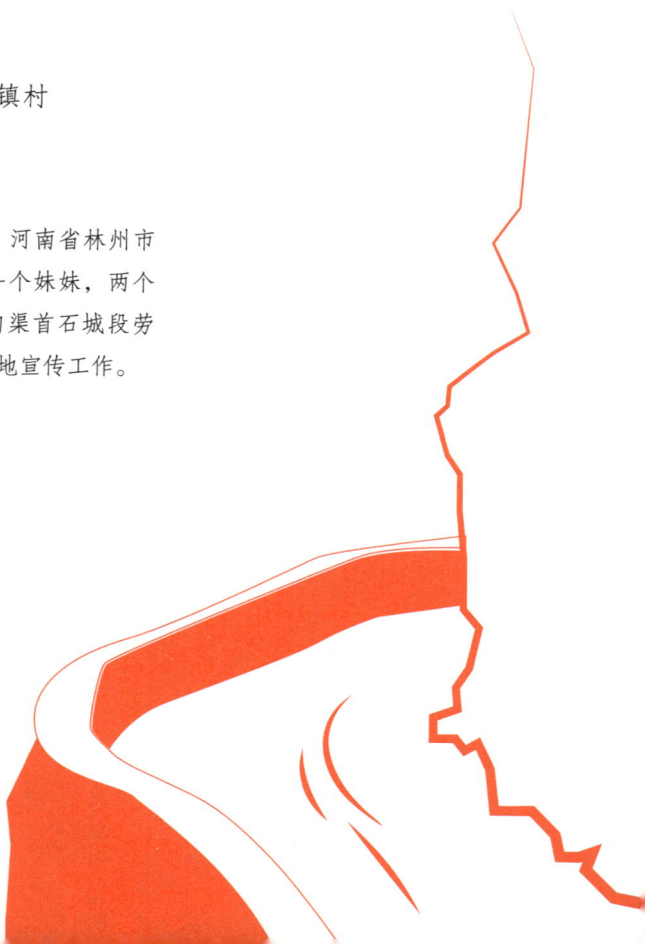

修过小渠和水库

俺叫李菊英，娘家在横水镇铁炉村，婆家是寒镇村，今年81了。兄妹四人，家中还有一个妹妹，两个兄弟，我是老大。

我娘让我在家带弟弟妹妹，不让去学校。只要娘不在家，我就偷偷跑到铁炉村小学上学。前后上了一年多，认了不少字。那个时候俺们这里重男轻女的思想比较重，男孩子让上学，不让小女孩儿上学。

我十二三就下地干活，干到十四五入公社，16岁就进了铁炉村妇女队当队长。当时干活记工分，给我评10分，但是有人说我不犁地、不耕地，就扣了0.5分。

1958年农闲时候，我去过舜王峪、小南石，还有辛庄修过小渠，就是英雄渠的支渠。还去马店村北边修过小水库，叫双野沟水库。18岁时，我去修过南谷洞水库。1960年正月十五知道去修渠，当时叫"引漳入林"。寒镇有六个小队，七八十人，很多人现在都不在了，记得有李新太、李玲英、李雪英（音）。

当时，我们走着去，工地驻地在任村公社卢家拐。每天都要过天桥，从工地下来，有五六里地，吃饭时候都是送饭。在卢家拐没有待多久，时间很短，后来就移到了山西省。

▲ 工地宣传员　魏德忠摄

工地上，连长叫李新太，支书是李天福。我在家是妇女队长，当时的干部知道我识字，让我在工地上当宣传员、广播员。

工地上当广播员

我在修渠工地上当过广播员，还在工地上贴过标语。铁炉村的李载天（音）会写会编，他当时都40多岁了，现在不在了。标语是用粉红色或者绿色的浅色软纸，毛笔写的字，尺寸不大，一般都贴在石头上或者宣传栏上。大家干劲儿大得很，脱了衣服干。

我在工地上拿着喇叭，提醒大家注意安全，注意前面的碎石，注意施工安全等，喇叭是纸卷的，扩音用的。喊口号，喊名字，给大家加油：

"李雪英，真能干，打锤赛过男子汉；

一锤一锤赛雨点，使得浑身都是汗……"

要是有谁不干活或者干得不好，就在工地上广播他的名字：谁谁谁，不出力，你干得没有劲儿，大家都来看一看……

工地受伤的经历

在卢家拐施工时，有一次在山坡上用洋镐在那里撬石头，一不小心就头朝下、脚朝上，骨碌着翻下来了，还好下面有一块大石头挡着，人家都说这大石头救了我的命。

我受伤后，大部队接到通知，往山西省石城转移了。我不能走动，连

里留下一个上岁数的男的叫李全贵（音），专门给我做饭。我躺在炕上几十天下不来床，也不洗脸，也没有镜子，出来后，照了镜子，脸上是血结的痂。

当时很积极，我从没有想过回家，怕给家里和村子丢人。当时腿疼得不行，后来去检查才知道，腰的骨头之间错了缝。俺娘说我的腰硬死了，走着撅屁股。后来回来好了，就是直不起来腰。

养了40来天，后来就去石城了。当时住的地方也记不清是哪里，就一个铺子，十几个小姑娘住在那。大家去山西，我就一个人住在那，还有个人给我做饭。铁炉村有个小姑娘她的手被锤子砸住了，刚开始是我俩住，她好了以后就走了，剩的一个上岁数的李全贵给我做饭。

我伤好了后，自己往山西去。当时有去石城送煤的车，我搭人家的顺路车，去山西了。我也没有想着回家，一心就想着去修渠。我到石城后，就打听着找到修渠的队伍。在石城工地，我继续当工地广播员。

（整理人　徐　丽）

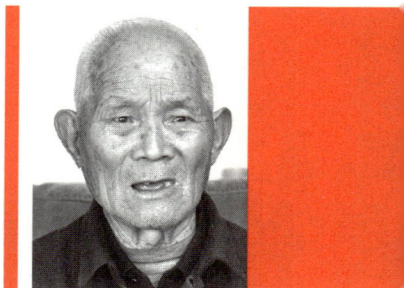

王书勤

"在渠上捡回了一条命"

Ⓨ 讲 述 人　王书勤

🕐 时　　间　2021 年 3 月 15 日

📍 地　　点　林州市茶店镇小碾村彰化自然村

人物简介

　　王书勤，男，1937 年 4 月出生，林州市茶店镇小碾村彰化自然村人。引漳入林开始修建时，是第一批上渠的民工，在山西省平顺县恭水村段做工，负责打炮眼、锻石块等。在一次施工中，掉下了悬崖，幸好被树枝挂住，幸运地捡回了一条命，休养恢复了一段时间后继续在渠上干活，无怨无悔。从工地返回家里的途中曾偶遇杨贵书记，印象深刻，被杨贵书记的平易近人和热情感动，至今难忘。

义无反顾去修渠

我叫王书勤，出生于1937年，今年85岁了。我兄妹五个，有一个妹妹，三个弟弟，后来老二去世了，剩下我们四个。我没有上过学，没有文化，但身体很好，这辈子就没有怎么生过病。

因为干旱，我们以前都是跑六七里地去担水吃。我是第一批修渠的人，想把红旗渠修建好，以后不愁吃水。当时和我们村里的其他人组成了一个小分队连夜往红旗渠工地上走。大家都是20来岁的人，很愿意去修渠，即便是正月十五也没有人抱怨什么。

我们在路上走了三天，走时吃了一顿饭，后来中间吃了一次饭，然后接着赶路。按照安排，我们要去的是平顺县那一段，我们几个只顾着赶路也没有想那么多，也没有觉得害怕。但是翻过岭以后，女孩们一看到山西就都哭了。想回家，我们这些男人觉得没什么害怕的，也没有人哭。

作为第一批就上红旗渠的人，我还是很骄傲的，当时自己比较年轻，身体比较强壮，正是大干一场的时候。现在，如果再让我选一次，我还是会义无反顾地去修红旗渠。

幸运捡回了一条命

到工地上以后，我负责放炮崩山和锻石头。在工地上待了七八个月，当时的条件还是很艰苦的。

在工地上我印象最深的就是那次事故，差点丧了命。那天，我和工友们一起去处理放老炮崩山落下来的大石块。因为那个石头太大了，我们五个人一起移，他们四个用铁橇在一边撬动石块前移。我在另一边用铁棍顺着他们的方向撬着往前推，挪动了几次后，石块前移了几米。在他们又一次撬动时，离地面高了点，大石头突然落下来，我手中的铁棍被猛地压了下来。由于石块太重，我被唰地一下挑了出去。当时工地都在悬崖峭壁上，我被挑出很远，随着山坡往下滚，吓得我当时尿了一裤子。我拼命抱住自己的头，心里想着，肯定完了，照这样滚下去，我肯定要摔死。工友们也吓坏了，有的都吓哭了，他们大喊着，想要抓住我，可是我的速度太快，山坡太陡峭，根本抓不住。我的腿当时一点知觉都没有了，我感觉这条腿废了。我想要用脚绊住身边的树枝什么的，可是我一点劲儿都使不上，只觉疼痛难忍。突然，一棵大树的树枝挡住了我，我很幸运，捡回了一条命。

　　看到我被树枝挡住没有摔下去，工友们拿着绳子和棍子，人接着人，把我拽了上去。我当时已经有点昏迷了，但还能看到工友们都在哭。我满腿都是血，他们也想我这条腿可能要废掉了。他们赶紧把我抬到住的地方，叫来工地上的医生。来的是卫生院的刘院长，具体的名字现在不记得了。只记得他当时给我看了看，摁了几下说："骨折了，你这属于内伤，恢复得肯定比较慢，要受一段疼痛。不过放心吧，好好休息休息，你还年轻，腿会好起来的，没有大事，以后还能继续干活呢。"听完他的话，我眼泪立马掉了下来，很庆幸，自己的腿能保住。

工地领导不会摆架子

　　养伤期间，我的腿是麻木的，脚穿不上鞋，没法走路，只能整天在床上躺着。因为家人不在身边，不想麻烦别人。我平时也不敢多吃饭、多喝汤，因为怕上厕所，自己没法走路，就得让工友伺候自己，我心里过意不去。

那时候主要照顾我的是我的组长和连长。他们俩不嫌脏不嫌累，轮流日夜地照顾我，给我做面条汤、小米稀饭。每天都安慰我、鼓励我，我很感动，让我度过了那段艰难的时光。十几天后我的腿消肿了，自己也能下地慢慢挪动了。连长怕我想家，说让我回家住一段时间。我当时真的不想回家，说我要坚决干到底！连长听了后，拍了拍我的肩膀说："算一回！"①

直到现在，我仍然记得那段最艰难的时光，是组长和连长给了我温暖，让我得到如家人一般的照顾。在我不能下床走路时，组长背着我，做我的腿。组长和连长是我的恩人，我现在时常会想起他们，仍然记得他们的样子。

我听现在的年轻人说到红旗渠精神时讲到团结协作，那时候在工地上真是这个样子。一个人如果出了什么事，有什么困难需要帮助，不管是领导还是普通民工都会热心帮忙。大家都想着早点把红旗渠修建好。

在渠上，时间久了，也会有些小误会。有一次，司务长把我们吃饭用的碗筷移到了其他地方。我们不知道什么情况，下工后吃饭时发现碗筷不见了，后来才知道是司务长给我们移走了。一个工友着急了，跟司务长吵了起来，其他人都劝不住。这时候连长过来了，问了问情况，给他们调解好了，连长的脾气特别好，特别有耐心。那时候在工地上，领导就不会摆架子，真心在为大家服务，平时干活不会比普通民工干得少，一有什么事，都会第一个站出来，能帮助大家的尽量会

----

① 算一回，方言，意为可以的、好样的。

帮助，带头做示范。

第一次见到杨贵

我们在工地上待了八个月左右，民工轮换班，我和同村的人一起收拾好铺盖卷准备回家。

在路上，遇到一辆往工地上运输石料的大卡车。我们停了一下，突然车上有个人招呼我们上车。

那时候从来没有坐过车，一听叫我们坐车呢，大家心里都很高兴。我们一帮人上了车，站在了车的后斗里，那个让我们坐车的人也站到了那里，当时车上还有一个人。经过介绍，这两个一位是杨贵书记，另一位是劳模石玉殿。我特别激动，我是第一次见杨书记，以前只听说过他，但是从来没有见过。他特别和蔼，一点书记的架子都没有。他说你们辛苦了，问我们修的是哪一段，现在要去哪里。我们回答了杨书记的问题，我们给他说这是我们第一次坐汽车，杨书记说以后不缺你们坐的车，机会肯定会越来越多。就这样，他和我们聊了一路，问我们家里的状况、渠上的状况等等，最后把我们送到村口附近。

▲ 同心协力搬料石　魏德忠摄

劳模石玉殿：石玉殿（1893—1967），河南省林县（今林州市）人。1948年加入中国共产党。是全国林业劳动模范，人称"中国式的米丘林"。他青年时在一个偶然机会发现榆树盛开鲜花，受到启发之后，成功地把大枣树接到酸枣树上。1950年4月作为平原省代表出席了全国林业会议，荣获中央人民政府林业部颁发的林业劳动模范奖状和奖章，在全国劳模会议上受到毛泽东主席的接见。1954年任农业合作社社长后，带领群众大搞植树造林，在村周围约5100亩的荒山上栽植用材林70万株，经济林25万株。石玉殿被聘请为中国林业科学院树木改造研究室研究员、中国米丘林学会会员、河南农学院林业系教授、中国农业科学院果树研究所研究员。1967年1月病逝。

我们当时非常感谢杨书记，一个外乡人来到我们这个贫穷落后的山区，为让林县人能吃上水，忙前忙后操碎了心。

回到家后，我经常给家人提起这件事，这会儿还记得杨书记说话时的样子。

现在生活越来越好了。跟那个时候比起来真的是天地之别。那时候条件虽然艰苦，但我们的干劲很大，觉得浑身有使不完的劲儿。

我现在85岁了，经常想起修渠的那段岁月，经常和同村的老人在一起聊修渠的事。我们林县有现在的好日子跟修建红旗渠有很大的关系，如果再让我们选择还是会去修渠。

（整理人　张　坤）

崔文贵

"在修渠工地干了十年"

⊗ 讲 述 人　崔文贵

◷ 时　　间　2021 年 3 月 16 日—17 日

⊙ 地　　点　林州市河顺镇石村村

人物简介

崔文贵，男，汉族，1936 年 10 月出生，林州市河顺镇石村村人。从小家境贫寒，12 岁开始打短工。解放前，家里有十几亩地，由于干旱缺水，时常颗粒无收。解放后，赴山西打工，维持生计。1958 年，农村成立公共食堂后，在生产队劳动。1960 年正月十六，随河顺公社赴山西省平顺县参与引漳入林总干渠的修建，之后参与了红旗渠三条干渠、支渠及其配套工程的建设。红旗渠修建了 10 年，他在工地上干了 10 年，主要从事点炮、放炮、打钎、锻石等。

修渠前的苦难岁月

我叫崔文贵，1936年10月出生于河顺镇石村村，在申村读小学，边种地边上学。从小家境贫寒，从12岁开始，靠给邻居打短工、种地维持生活。

解放前，我们一大家子住在一起，家里有几十口人。当时家里有十几亩地，收成最好的时候可以收几布袋粗粮，但由于干旱，大多数情况下收成很少。我们经常出去将杏叶、榆叶、槐叶吃，一晚上可以把榆树皮剥完，剥完回来后用水沤到缸里，这样既新鲜也不会坏掉。当时所有能吃的树叶都拿来吃，吃的最好的饭是南瓜和萝卜条。当时我们需要早起到北面的村里去担水，那边有四口井，井有7丈深，井里会自动出水，有些村拉着牲口去那边驮水吃。

解放后，村里分了地，每个人分到了2亩地。这2亩地能收1000斤粮食，比解放前十几口人收的粮食都要多。1958年大炼钢铁，我们村附近的地里都是建的高炉，到处是火光。1959年，我参加了林钢居民楼的建设，这个楼由郭为仓设计，居民楼有四层，像办公楼一样，都是一间一间的房子，现在这个楼还在。当时这个楼是为申家垴村民建的，因为要在他们村起矿，想让他们村整体搬迁过来。我们盖楼没有工资，也不挣工分，只管饭。

我在工地打炮眼

1960年正月，我们在县委领导的带领下，直接从林钢居民楼的建设工地徒步前往山西，参加"引漳入林"工程建设，队伍里也有村里的一些妇女。那天早上，吃过红薯、喝完稀饭后，沿着已经修好的路，途经盘阳村，走到谷堆寺后，在那住宿了一晚，第二天走到了住地。

工地上的施工由县里统一分任务，各营、连领完任务后，再分配给民工。到了修渠工地后，开始我和崔廷远、崔伍元、崔爱香（音）四个人负责打炮眼，2人为一班，施工2个小时后，换下一个班。轮班休息时，我们都不回住地，就在施工现场就地小睡。当时打的炮眼有20多米深，点着蜡和提马灯在井下施工。打好炮眼后，就开始装炸药。往炮眼里装一指长的黄炸药，借助雷管，用工农牌的火柴点着后，我们赶紧从洞里出来，跑到不远处听炮声，就这样循环往复。

修渠中，我参与了打老炮炮眼。打老炮炮眼时间长一些，一个炮眼得打二三十天，很多是晚上施工，白天休息。当时点炮有专门的炮手，石村的炮手是崔恩典（音），30多岁，胆子大。炮眼打好后，炮手们再往炮眼里装黄炸药。点炮时，民工们跑到2里地外的王家庄村东等着听炮响，由于装的药特别多，有时候只看到呜呜地冒着烟，到处都是激荡起的灰尘，催起的石块滚落到了附近的河里，也听不到炮响。

点炮放炮这个活儿比较重，但当时缺粮食，我们吃的分量和其他人都是一样的。司务长做饭的时候，如果有人去尝了一口，他所在的营全营都会受批评。

自己动手烧石灰

修建白杨洼工段的时候，垒砌渠线首先面临的是土和石灰的问题。由于渠段地势比较高，石灰和土只能从山下集中搬运到山上。工地上的每个人都有任务，每人每天必须完成搬运土和石灰的任务。

石灰是我们大队自己烧，村里专门派了两名村干部，到工地负责烧石灰，烧一次石灰得花半个月时间。我们当时都不知道咋烧，都是到工地以后学的。烧石灰我记得非常清楚，当时找到从山上放炮崩下来的石块，然后一层煤饼一层石头垒牢好，垒到十几米高才行。然后用煤饼和煤渣铺底，外面用泥包裹起来之后开始烧。烧好以后，跟搬运土石一样，每个人都需要往上面搬运，这是任务。那个时候在渠上干活，人人都一样。谁要是偷懒，就必须全营承认错误。

指挥部对工程质量要求很高，因为我们负责的渠段地势特殊，所以对我们的质量要求格外严格。我们在悬崖上的渠线工程质量可以说是红旗渠上质量要求最高的。一般的渠线，外面和里面用白灰灌浆，而我们的渠线外面和里面都是用水泥做浆，用白灰和土灌浆。每天营部都有人来检查工程质量，看看有没有偷工减料的，只要发现了，就给你掀了重新再来。大家心里都清楚，引漳入林是林县最大的事情，大家都不敢掉以轻心，都不敢马虎。

每天工地上人很多，除了修渠，我们还需要上山找野菜。当时吃的除了自己带的口粮外，村里还补助每个人二两粮食，其余的渠上补齐，就是这样有时候也不够吃。

修渠时很费鞋，大家一般十几天就得换一双鞋。为保障渠上民工的生活，各营都派修鞋和剃头的人过来。修鞋的人比较多，剃头的人较少，他们在各营来回跑。当时修鞋和剃头都是几毛钱，上工的时候你把自己的鞋放在那儿，回来的时候就给你修好了。我姑姑家大儿子天贵管修鞋，他腿脚不太方便，得拄着拐杖走路，修鞋的工具都是他自己从家里带的。他住在离我们工地不远的地方，但是我一次也没有找他修过。剃头的话，基本上都是剃光头，大家也不讲究什么发型，都是图个方便。

修建青年洞和分水岭

5月的时候，我们来到青年洞工地，负责西洞口的凿洞工作。我们到的时候，青年洞的修建刚刚开始。我们在那儿干了一个多月，打了20多米深，三个人一组，一个人扶钎，两个人打钎。青年洞的石头很硬，我们打炮眼打得很艰难。打完以后用筐子把石渣搬运出来，我们村有十几个人专门负责凿洞出渣。当时由于全国性的自然灾害，有几个人得了浮肿，恰好赶上"百日休整"，让我们下来青年洞，县里安排突击队上青年洞接着我们的工程干。

1962年修建分水岭时，我们住在井头村。我当时负责修建分水岭闸门后面的渠岸，那一段渠岸不长，但是非常高，领导刘银良和焦保绪都在这里。这里渠线高，需要把部分渠段棚起来，所以修的人比较多。领导当时对安全要求非常高，每天开会都强调安全施工，特别是闸口北面渠线比较高的地方，都是用木头先搭好脚手架，建渠线时一层一层越来越高，脚手

▲ 盛大的节日 1965年4月5日，红旗渠总干渠通水典礼。 魏德忠摄

架的搭建一节一节也需要增高。

一条渠见证两地情

总干渠修好以后，渠水基本上就可以流到林县边界。我们还在修建干渠的时候，山西沿渠的许多村庄都已经享受到红旗渠水的灌溉了。修建红旗渠的时候，考虑到占用了人家的土地，我们会在渠上留下放水口子，让渠水流过的村庄都可以使用红旗渠水。当时口子也是根据当地情况留的，哪里人口多一些，口子就留得多一些，一个口子基本可以满足两三个村的灌溉。山西这些沿渠的村庄比我们更先享受到红旗渠水的灌溉。离开山西的时候，我们负责的那一段渠线，只要是毁坏了人家啥东西了，走之前必须给人家修好。当时要求非常严，谁负责修渠，走之前，必须把山西老百姓的情绪安抚好，把东西收拾好，恢复好，不能给人家搞破坏。

修渠时，我在工地上见过很多领导，其中见得比较多的是马有金和刘银良，他们虽说是领导，但是干活也不错，经常跟我们一起干活。我对马有金的印象比较深刻，他总是来我们工地，大高个子，来了就帮我们干一会儿，也没有什么架子，就是喉咙大，说话响。那个时候人都没有啥心眼，都是跟着一起干，只知道出力，都觉得只要功夫到了，就没有弄不成的事。

（整理人 李 玲）

申元加

"提前到工地架设电话线"

⊗ **讲述人**　申元加

🕐 **时　　间**　2021年3月18日

📍 **地　　点**　林州市姚村镇邢家墁村元家庄自然村

人物简介

　　申元加，男，汉族，1929年7月出生，林州市姚村镇邢家墁村元家庄自然村人。1947年主动参军入伍，曾参加淮海战役，到福建、贵州等地参与剿匪。1951年参加抗美援朝，1955年夏收时节复员。1960年农历正月初九，接姚村公社邮电所通知，赴山西平顺县架设引漳入林工程使用的电话线，与工程股借住在王家庄王银锭（音）家中。在王家庄除维护线路安全、接打电话外，还在工地上抬筐、背石、筛沙。

参军入伍　保家卫国

　　我叫申元加，1929年7月1日出生，今年虚岁93岁。1944年俺爹被日本鬼子在村口打死，秋天的时候八路军打跑了日本鬼子。我还被日本鬼子毒打过，趁着夜色逃跑，日本鬼子打了3枪，没打中。

▲ 一扫即见，感受亲历者的原声珍贵讲述

　　1947年，18岁的我告别家乡，主动参军。先是在刘邓大军红四团特务连，不到半年的时间，被调到电话排担任架线员，当时隶属刘邓大军主力部队快速纵队红四团。后来跟随部队千里挺进大别山，又从大别山下来经周口到徐州，准备攻打南徐州（今安徽宿州）的战斗。1948年冬，在淮海战役大战前夕，我积极填写入党申请书，在申请书上写：争取立功，争取入党；不怕苦、不怕难，坚决革命到底；冲锋在前，退却在后。写完以后咬破了指头，在申请书上按下了血手印。准备攻打南徐州前，上级安排我们做援军，去攻打敌人黄维的机械化兵团。那时黄维兵团穷途末路，丧心病狂地使用火焰喷射器，我们团战斗力还行，其他团损失比较严重。

　　我当时在电话排一班，电话线在战斗中常有被炸断不通的情况，我们需要去路上检查电话线路。电话线刚接通回去后，又通知说电话线不通，就这样往返多次去查线修复。领导看我表现不错，就批准我入了党。入党后就一个想法：跟着共产党，坚决革命到底，建立新中国。

　　一天夜里，战斗比较激烈，领导安排我往师部架电话线。当时我是组长，带了一个新兵就去了。架好电话线后，我看没什么事情打了个盹，结果被指导员狠狠地批评了一顿。淮海战役结束后，我又跟着部队过长江，到福建、贵州，追剿国民党残余势力，消灭土匪。

后来，我们部队到河北石家庄东边衡水县休整。部队里有两个林县的老乡，我们就一起往家里写信。俺娘收到信后挂念我，从家里跑来给我送衣服，在营地附近的招待所住了3天。俺娘觉得当兵苦，劝我回家。我拒绝了俺娘。那时候我就觉得当了共产党员就要铁了心，理想信念不能有疑惑，"共产党员跟我来"，这是事实。1950年的七八月，我们部队就往朝鲜走了。我清楚地记得，1951年8月13日，我们47师部队经丹东入朝鲜，参加抗美援朝。我在朝鲜万年山附近负责架设电话线、维护线路，那时候一心想着就是宁往前进死，不向后退活。1952年，过了农历年我们部队就回到辽宁休整，我担任了一班班长。

1955年春天，我从锦州复员。

提前到工地上架设电话线

复员后，我对分配工作没有想法，一切听党听组织安排。到县城后根据参军年限领取了300多元安家费。回家后正好是农历五月，就在家帮忙收割麦子，参加农业生产。秋收后参加农业初级社，后为高级社。

1958年春，县邮电局已经开始在各公社架电话线，我因为当过兵有经验，经过考试上岗，在姚村公社邮电局工作，负责看守总机。

1960年过年前后，老百姓已经在说要修建引漳入林工程。1960年农历正月初八，姚村邮电支局局长崔彰贵（音），也是个复员军人，30来岁，通知我们正月初九早上出发去山西架电话线。姚村公社邮电局有28人去，留下2人看电话线，其他26人去任村公社盘阳大队，从那儿出发到山西侯壁断渠首架线。

我们坐车到盘阳，各自带了背包，里面是被子、鞋、衣物等。盘阳大队有电话线总机，还有粮店等物资仓库。我们一行26个人，有的人背着线，有的人背着被褥和粮食。我们一边从河口出发沿着漳河往山西走，一边测量线路、架线。我跟路长生（音）负责架线，电话线一般顺着路边走，一个村一个村架线，架的是双皮线。路拐弯线不拐弯，就近架在树上。到正月十一的时候，我们把线拉到了王家庄。路上，我们饿了就找当地村民家里借锅做个饭，借宿村民家里。我们过河口的时候没有桥，水不大，走的临时桥。因为木家庄往河北岸上走的桥，每年到夏天涨水时拆桥，到秋后再搭桥板，方便村民过河。

那时路上汽车还不多，县里有八一拖拉机站，能见到五六辆拖拉机往王家庄村边仓库运物资。路上民工也不多，到正月十三才陆陆续续有民工往山西走。跟部队整齐划一的行军不一样，民工是零零散散地上山西的。那时候每个公社都有人数要求，上修渠工地得上够数。路上有青年妇女骑小毛驴，老百姓用小推车拉菜拉粮食，还有马车拉着缝纫机、席子，熙熙攘攘、热热闹闹的。那时候汽马车（塑胶轮胎，牲畜拉着）不多，却是比较重要的交通工具。

半天劳动，半天看总机

电话线架好之后，根据领导安排留了两个人在王家庄看守总机，一个是我，另一个是李启发，他是县南辛安人。后来领导又派来了下里街村的一个小伙子，我叫他"小曹"。那时候县里是总指挥部，各个公社是分指挥部，公社下的大队各有营地。总指挥部有总机，一个公社一个电话机。

▲ 拖拉机厂 *魏德忠摄*

沿线村庄都有营地，所以都有电话机，渠首也有电话线。我在王家庄，除了看电话机，还负责接送从林县送来的《人民日报》《河南日报》等报纸。在王家庄住的还有泽下公社的。泽下、临淇公社的民工赶到山西得在路上住一晚才能到，我们姚村的当天就能走到。

我们在王家庄的那会儿是要求每天至少在工地上工作半天。我在那儿白天砌渠墙，晚上加班从漳河里挖沙石，运到渠岸边，一布袋一布袋沙子往渠岸边送。后来，我又到尖庄工段，从山上往渠线上运石头，按斤记工，年轻人推800斤石头，我年纪有点儿大，推600来斤石头，一天两三个工。

在王家庄时我们和吴祖太在一起住着，他有时候还来打电话，跟总指挥部汇报工作。他是个比较有礼貌、比较和气的好后生，只是走得太早了，太可惜了。我去过他的屋里，屋里一张大桌子上堆的都是图纸，他工作特别勤奋，晚上经常加班。

（整理人　张小强）

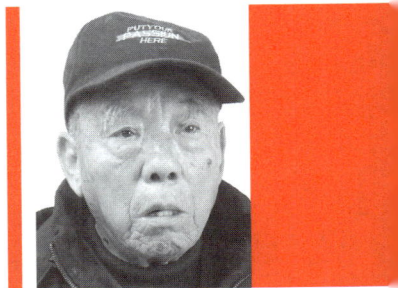

王起山

"我和马县长一起打炮眼"

• 讲 述 人　王起山

• 时　　间　2021年3月22日

• 地　　点　林州市合涧镇小付街村西义井自然村169号

人物简介

　　王起山，男，林州市合涧镇小付街村西义井自然村人。小学文化，兄弟姐妹五个，排行老三。先后参与修过英雄渠、弓上水库、红旗渠等水利工程。在工地上，曾经和马有金一起打过炮眼。

和马县长一块儿打炮眼

在工地上，有专门负责钉鞋的民工，不用上渠，每天负责帮民工钉鞋，如果民工自己的鞋底坏了，可以从别的坏鞋上截下来一块儿鞋底，用钉子钉到破了的地方。当时有卖球鞋的，但是基本没见人买来穿，价格太贵。只有一个民

▲ 一扫即见，感受亲历者的原声珍贵讲述

工，是家中独子，他爷爷"狠下心"花了八毛钱给他买了一双水胶鞋（鞋底是黄胶，鞋帮是布），这就算当时工地上的"名牌鞋"了。技术员和干部大体跟民工的穿着一样，很多技术工因为长期在工地上"摸爬滚打"，膝盖、屁股上都是缝的补丁。

有一回，我和另一个人一起打炮眼，远看马有金从东边走过来了，他点了一根烟，吸了两口，招呼俺们也吸两根，我说我不吸，其他人也不吸。我们觉得人家是县长，都有些不好意思。马县长把烟往边上一扔，说了一句："打！"就坐了下来，扶着钢钎。我当时出了一身汗，冬天啊，可不是使了出汗了，紧张得不行啊，害怕打着人家了。马县长倒是没啥，低着头，扶着钎，一股劲儿说："打，打！"咱就使着劲儿打。跟我一起打的叫长富（音），看我出了汗，说："让我来替你会儿吧。"我心想了啊"快来吧"，咱也不是说不行。打了一会儿，他一不小心，锤子从马有金的脸上擦了一下。

马有金说："不怕不怕。"

可随行的工作人员紧张了，大声喊："医生呢？医生呢？"

马有金说："你看你这小伙子吵吵啥了，这怕啥了，擦了点皮有啥了。"

工地上，领导干部和我们吃的都一样，早上"吃吃稠，抄抄流"，一

个人也就吃两小碗，中午和晚上也是两小碗米糠饭。不到中午，年轻力壮的就有点顶不住了。这样的伙食量，在赵所那会儿不用加班，身体还能勉强维持，后来一个月后到了阳耳庄拱洞，伙食就有点紧张了。

山西豆口修桥

在阳耳庄修了一段时间后，我们公社前往山西豆口村。当时修了一座桥，叫林英桥。肖街、辛安、小付街三个大队一起修的。这个桥有8米宽，很长。当时大家把两边夯起来，留好桥眼，桥体填的石料，民工们从山上放炮崩，小石头用竹筐挑下山，大石头七八个人用杠子抬，从河滩捡，民工们几乎把河滩里的鹅卵石捡了个干净，把捡来的石头混着沙土一筐筐填进去，这样整个桥基一点点才填满。平时白天干活儿，傍黑儿吃过饭，有记工员在桥上坐着，每个民工需要一天背多少筐石渣，记工员都要记录核实。

在豆口修桥期间，有一天，队长通知开会，虽然不知道开会说啥，但是心里想着，不管怎么样啊，可以休息半天。会场上，社领导说现在要支援家里收割麦子，现在念到谁的名字，谁就可以回去，但是要保证不耽误明天早上上工。我当时也被选中回家割麦子，100多里的路，每人只有一个"稠饭团"，路上累了就找个麦秸垛躺会儿，直到第二天中午才赶回家里。伙房给每个人发两个馍头当饭吃。当时村里一个光棍汉不干了，说来回跑了这么远的路，两个馍头根本不够吃，于是就去找队长。队长看只有三四个人，就让大家敞开吃，大家终于吃了个饱饭。

当时在豆口修桥每天要蹚过一条宽河。冬天还好说，有一座小木桥，

▲ 遇沟架桥　*魏德忠摄*

到了雨季，当地人怕冲毁木桥，就会把桥拆掉。当地人对这早已熟门熟路，他们到河边，就会脱了衣服，背着同行的人过河。咱们的民工没见过，哪儿见过这大白天的"袒胸露乳"，当时公社社长就讲："害啥羞了，明天各营营长背着自己社员过河。"第二天，俺们这大队伍就是这么过河去工地的，男人脱了裤子或挽着裤腿，光着脚，背着妇女过河。当时，党员、团员是骨干，一般都会在工地上安排大小领导职务，当了一个小组

长，领导安排我负责拿大家脱下来的鞋子。但是这种过河方式没坚持多久，大概背了两三次，掌握了过河技巧，大家索性就自己脱了鞋子，挽着裤腿蹚河。

"五一不通水，把我的名字去掉"

修林英渡槽时，民工的士气还是很高涨的。当时在工地，有很多比拼活动、竞赛活动。我记得有一回，林县豫剧一团在工地上演出，大家下工吃了饭就去看。当时唱了《卷席筒》，大家听了真不赖。当时在工地上除了干活儿就是吃饭睡觉，有剧团演出，大家觉得很稀罕。演出结束后，公社领导组织各大队队长上台表态发言。肖街的连长杨保元脱了上衣，光着膀子站到台上说道："五一不通水，把我的杨字抠掉。"辛安的连长秦根才上去讲："杨保元光了膀子，我摘了帽子表决心，五一不通水，把我的秦字抠掉。"当时是冬天啊，天可冷，现在想想吧，那会儿大家说得可大，可那时候就是给俺们鼓士气了，那时候人都有干劲儿啊。

> 林英渡槽：今名由指挥部于1960年4月12日确定。总干渠在今平顺县豆口村西南，桩号5+680至5+733区间。长53米。槽下为双孔涵洞，一孔位于较高处，孔径3.5米，腿高2.5米；另一孔位于较低处，孔径6.2米，腿高13米，起拱4米。垒砌石方2000余立方米。1960年2月动工，当年8月1日建成。由合涧公社民工修建。

在工地上，开山放炮是常事，尤其是遇到石质坚硬的地段，往往需要填炮一点一点打通。洞打得深了，每一次再放炮时，点炮手就更加小心，点炮前会问洞里的人都走出去没有。有一天，跟往常一样，点炮手点燃导火线后，就向洞外走，等他快到洞外，发现好像少了一个人，等迟疑过来，炮声已响，洞里涌出一股浓烟，大家一看这可坏了，玉德弄不好死在里面了。正当大家痛惜时，从浓烟里走出一个人，玉德竟然奇迹般地生还了。原来点炮时，他正好在一个角落里，避开了乱飞的碎石。大家舒了口气，都说道："真是个福大命大的人，这真是鬼门关上走了一遭，不敢想。"

在坟头修渠时，起头儿，大家在那人家家里做饭吃，刚开始一直是分着吃了，各自都有量，不让多吃。那会儿俺村管事的还是崔长伏（音），他在那儿当领导，一直让分着吃。过了半月，俺村换了领导，让崔全伏去管事儿了。人家到那儿吃了两天，说："这还用分啊？"他每天一到吃饭的时候就会喊这个司务长："海朝（音），来来来，给我算算，咱今儿多少人，该补助多少了，从家带了多少。"因为领导精打细算，才保障了我们后面的伙食问题。

（整理人　常卓航）

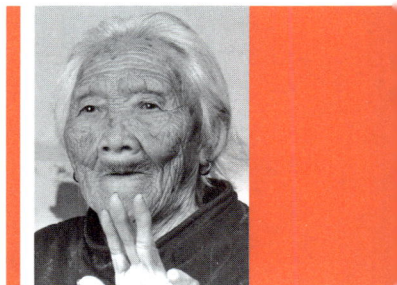

杨保珍

"去修渠俺不后悔"

讲 述 人	杨保珍
时 间	2021年3月29日
地 点	林州市河顺镇石村村

人物简介

　　杨保珍，女，1941年9月出生，林州市河顺镇石村村人。她上过小学，十五六岁就开始参加劳动，先后参加民校、农村育儿班教师等培训。后来积极响应大队号召，先后参加过林南清大炼钢铁、南谷洞水库、引漳入林工程等建设。在红旗渠建设工地上，她在扶钎时被泽下公社没有排除的盲炮（哑炮）炸晕，脸上、手上、腿上的皮肤里都嵌入了炸裂的碎石头。左手小指终身残疾。尽管伤残的手指和面容影响到了她相亲、工作和生活，但是她脸上始终带着微笑，有人问起来，她就会哈哈一笑说："后悔没啥用，俺也不后悔"。

炼钢铁、修水库的日子

俺叫杨保珍，1941年9月出生，娘家是河顺镇东寨村，家里有一个哥哥和一个弟弟。

俺以前上过小学一年级。十五六岁就开始参加劳动，那时主要是在大队里干一些锄草、割麦的农活。再后来上过一段时间民校，1959年上半年又去上了半年的农村育儿班教师培训班。

1959年下半年大队叫俺去参加大炼钢铁，地点是在郭家庄。俺也没有想到，从那时起就开始了经常离家在外劳动的时光。在郭家庄炼钢铁时，俺主要负责背矿石。矿石都在西山根那儿，背矿石走的路比较远，一个半天大概能背两趟矿石，一天大概是四趟。有专门负责的人把矿石放到烧锅里烧，当时也没有风箱和吹风机，为了火烧得更旺就用自己做的风摆[①]往灶膛里扇风。当时也没有高炉，炼完之后就走大炉。后边炼得能用不能用俺也不知道，光想着干好自己的活儿。到1959年时，就建了林钢。

> 风箱：木制鼓风机。由木箱、活塞、活门、拉杆等构成。林州方言称"风闸"。红旗渠建设工地上多用于伙房和铁匠炉鼓风。

1959年冬天，大队安排俺到南谷洞水库工地上去。像跟我年纪差不多的杨纪琴、杨改珍、杨秋莲她们都去了。当时申村、东寨、郭家庄是一个大队，后来大概1963年、1964年那时俺们才分开不是一个大队了。

俺们去的时候是从任村阳耳庄转过去的，工地在南谷洞水库，住宿和

---

① 风摆：林县自制土工具，就是用绳子拉着一大块中间固定的木板来回转。

吃饭在葚子沟。住在村子里老百姓家里，或者在外面扎工房。工房的房顶里面搭油毡，外面铺茅草；地面上铺了麦秸，然后再铺铺盖。现在都说石板岩山上很冷，俺们那时候年轻，人也多，十来个女的住一个工房，大家挤一挤倒没有觉太冷。俺身上穿的是自己家里缝的掩襟棉袄，脚上穿的是俺娘手工做的老棉鞋，下雨下雪时烂稀泥不好走，俺就买了一双黄胶鞋。

每天早上5点吹号起床，5点半开饭。粮食和菜是大队自己准备好带过去的。当时吃得不是很好，不过就是糠①和黄疙瘩②。早晚一般是稀饭、糠或黄疙瘩，中午吃干饭③。没有吃过面条、大米、油条这一类的。吃饭都是用自己来时带的大碗，那种山西老大黑碗，那是1块钱买的。

吃过早饭就往工地走，中午是11点半下工，回到葚子沟吃饭，下午1点半再上工，干到天黑看不见了就下工。管俺们的是妇女连长，俺忘了她叫啥了，申村的人，主要是管管上工下工这事儿。当时在工地上没有补助，都是介绍回大队拿工分的。

当时在工地上主要干的就是从山上抬石头到垒坝基的地方。专门有人在山上找地方放炮崖石头，他们崩了石头俺们就用杠子和筐子抬到垒坝基的地方。当时工地上的杠子都在中间钉上一个钉子，这样抬石头的话就不会往边上偏了，两人走山路上高低不平也不会往边上出溜了，也从来没有想过偷懒这事儿。抬杠子就很磨肩膀，当时都是家里给缝好垫肩捎过来，垫肩里面是毡片，外面包着布，这样就不磨衣服了。那时冬天下了雪俺们也不停工，披个围裙挡着雪接着干。很多小闺女儿那时手上被冻开了裂子，脚上长冻疮，俺家遗传的这手上不冻裂子。白天干一天活儿，大家都

---

① 糠，红薯面窝窝头。

② 黄疙瘩，玉米面窝窝头。

③ 干饭，小米干饭，把小米像大米一样地蒸出来或者焖出来。

很累，晚上早早就睡了。有的家里弟弟妹妹多的，还要在洋油灯下给弟弟妹妹纳会儿鞋底，就这样干到过年前才回家。

打钎碰到哑炮意外受伤

1960年还没有过完年，正月十四那天吃饭时，小队队长杨奎林在食堂下了通知叫去修建引漳入林工程，俺们大队有四个小队，总共有四五十个劳力，当时要求每个小队里去九到十个人。俺们大队去了6个女的、3个男的，剩下在家的都是软劳力（身体不好、不会干活或者干不好的劳力）了。当时说5月就能完成引漳入林工程带水回家，结果好几个5月之后才修成了。

通知时说的是叫带着铁锹和锄头、铺盖、替洗衣裳。当时去的时候俺没有带钱，带了一套换洗衣服，一双粗线纺的直筒袜，没有袜底，颜色现煮的那种。去时是汽马车拉着俺们去的，汽马车有的是套一个牲口，有的是套两个牲口。有路就站在汽马车上，汽马车上也是人挤人，没有路时俺们就排着队往前走。还记得天桥断上那个索桥，上面铺着木板，两边拦着轮胎一样的东西。

出发时每个人发了两个碗口大的馍，让在路上当干粮。在马塔村的时候停下来做了一顿饭，做的干饭。在恭水村住了一宿，第二天晚上住在了山西省平顺县的王家庄村。王家庄的人很热情，腾出炕来给俺们用，俺们三个妇女睡一个炕。

俺们的工地在南山上，渠线是撒着白灰线做标记。俺们是绕着南山的山边上下工地一步三滑地往前走，下边就是漳河，一不小心就会掉下去。

山上人很多，尤其是王家庄，都是来修渠的林县人。俺在王家庄那儿干的是清渣和扶钎的活儿。俺们的工具都放在工地上，不用拿回来。马家山一个人管吹号，提醒起床、上下工、吃饭、休息，他每天拎着一个马蹄表去吹铜号。申村一个叫郭培生的人负责做饭，三个大队120多人在一块儿吃饭。

▲ 抡锤打钎　魏德忠摄

3月初开完盘阳会议，定了集中修山西境内的第一段渠后，俺们往上移到了山西省白杨洼村。白杨洼没有老百姓，都是住在漫地里，当天早上就分成两队，一队去割茅草扎草棚，另外一队直接就上工地开始干活。一个草棚里住两排人，头朝中间，脚朝两边，外面是三角形，门也是草扎的，里面住了小20个人。住地在河北边，要踩着石头过河去工地。

俺是分的去干活那组，早上俺们在王家庄吃了饭，中午带的干粮是黄疙瘩和糠。在工地上吃，伙房用黑铁桶给俺们送了热水过来就着，用一个白瓷缸舀着喝了坐下休息会儿，就接着上工了。当时俺嫂子也去了修渠工地，被分到了扎草棚那组。

第一天干活跟郑栓林（音）搭班，他管打钎俺管扶钎。那段工地原来是泽下公社的工地，俺俩正在干活时，原来泽下工地上没有响的一个盲炮（哑炮）突然炸了。俺听到爆炸的声音不自觉地用双手去蒙眼，突然就啥都不知道了。后来听说是被抬到了草棚里，柳泉村的马正中和石村村的崔伏存是当时公社里的医生，他们给俺看的伤。整整昏迷了一天半，第二天上午意识到疼，才知道自己受伤了。

后来工地就没有安排俺嫂子干活，让她专门照顾俺。俺的整个脸都被纱布裹着，没有人告诉俺哪里受伤了怕俺难过。直到后来才发现自己满脸、胳膊、腿上都是伤，现在还有很多疤，主要是当时的碎石渣崩到了俺满脸、胳膊和腿。有很多碎小的石头嵌到了肉里头，当时医生取得不够干净，后来隔了很长时间俺还发现很多，用碗片自己划开皮肉，用针挑出来绿豆大小的一块石头。其他的也不敢再去挑，太疼了，后来那些小石头慢慢地就长到了肉里，最大的一颗就是在两个眉头中间的这块，比黑豆还大一些。

小脚母亲工地探女

俺受伤后头一个星期就是输液，后来改成打消炎针和吃药片。公社的干部去问过几次："疼不疼了？伤口好了没有？还用吃药不用？"想想自己当时确实很不知道怕，也不愿意给领导找麻烦。

当时，俺在工棚里躺了20多天，每天晚上放炮时，虽然知道不会有大的危险，但还是会有小的石块落下来，俺嫂子就用工地上筛石头的那种网扣到俺身上，怕砸着俺，然后她们就跑出去躲炮。因为俺的衣服被炸裂了，指挥部让工地上的裁缝给俺缝了布衫和裤子回来，是公社里自己染的学生蓝加上白花的小布衫。

俺娘当时46岁，她听村里来送菜的人说俺受伤了，心里不踏实一直

要求来看俺。但是当时大队干部怕她看了伤心，一直不想让她过来。她太担心了，就挪着她那小脚，随村里送菜的人一路来看俺，路上送菜的人很感动，还叫俺娘坐了会儿车。俺娘还省下粮票专门给俺带了馍和一瓶雪花膏。但是住了一宿就被指挥部的领导劝回去了。俺也告诉她让她不用担心，每天中午都是给俺吃面条或者米饭，吃得不错，让她先回去了。

过了小一个月，俺才会出来工棚外面石头上自己坐坐，看着其他人在山上干活，也看到工地上逐渐有了供销社、掌鞋的、理发的等等。每天下工时都有人进进出出买些东西、理个发。工地上每天费鞋得很，每天去修鞋的人很多，钉一次鞋是5毛钱到1块钱，修鞋的人也不是赚钱的，他也是赚工分。我还看到有更衣警察在工地和住地来回巡逻，有时我们也挂挂话，他就问俺好得怎么样了。就这样，俺在工地上养了两个月的伤。

后悔不管用，俺也不后悔

两个月以后，大概是6月中旬，俺才会走路，就跟着队伍回来了，回来就开始收麦子。大队也照顾俺，没有安排重活，就是去看看麦场、赶赶小麻雀，后来就开始干扫场、挑麦秸这些活儿挣些工分。但是受伤的左手小拇指头始终长不出新皮，一直溃烂，后来到河顺看了两次才长出肉来，但是不能再干擀面条、割麦子这样的活了。

回来后那一年冬天，邻居给俺介绍相的亲。相亲之前也告诉过对方不能擀面条、割麦子。相亲时为了好看，俺娘带着我到供销社花2元钱买了一双紫色灯芯绒的手套戴着。刚开始我也不满意他，嫌他年龄大，不跟他说话，三年后慢慢好了。后来生了一对双胞胎儿子，两个闺女。现在儿子和孙子都很孝顺，冬天冷了接我到县城去住，那儿有暖气，平常也给我钱。闺女出嫁得不远，经常给我买鸡蛋送东西吃，今天中午就给我送了煎好的热包子。

现在有人来慰问我，问俺说那时要不受伤可能嫁个更好的人家，也不用一辈子带着这个残疾影响生活，后悔不后悔。我就告诉他："后悔不管用，俺也不后悔。"

老伴也是修渠人

俺老伴叫张艮保，也参加过修总干渠。他是1938年10月生，林州市河顺镇石村村人。没有上过学，只上过公社组织的明校和夜校。老伴在任村阳耳庄修过总干渠，也在河顺镇修过红旗渠十大工程之一的夺丰渡槽。

俺婆婆是个十分勤劳、能干、贤惠的人。老伴有同父异母的两个哥哥和两个姐姐，婆婆都照顾得很好。尤其是给他二哥7岁就定上了亲，13岁就娶了媳妇。后来还专门被邀请去县里开了和睦家庭大会，并且当代表发了言。但是俺老伴这亲事一直拖到了二十四五。相亲时他看到俺脸上都是小石头，一开始也不太愿意，不过俺婆婆满意就定了。俺俩腊月十六相亲，二十八就办了事，这也就一辈子了，现在觉得也不错。

1963年到1964年时，俺老伴在任村阳耳庄村修总干渠。那时主要干挑沙、起石头、锻石头、垒石头的活儿。挑沙时用的那种大黑铁桶，一担大概有90~100斤，半天少的挑七担，多的能挑八九担，记的工分也都不一样。那时崔启元是营长，他领着头带着俺老伴他们干活，大家也都不敢少干偷懒。后来他就开始干石匠活。工具都是他们自己带，他自己带了三

根手把钻。钻石头的定额标准是一天锻3米石头，大概丈把长。垒石头那时也有标准，两头垒石头的人比较关键，就派技术高的人在两头垒，技术一般的在中间跟着垒。重要的地方灰填得多，次要的地方灰填得少些。

经常有人检查质量，检查的人就是用铁棍捅垒好的石头，如果能捅进去，就说明有问题。小问题掀三块，大问题掀到底。就是发现问题不大，会掀掉刚垒的三块石头重新垒。如果发现问题比较大，那就全掀完了让重新垒。

村里人都知道俺老伴的石匠活干得不赖，活干好了都会让他给把把质量。

（整理人　李　戡）

郝旺金

"我在随军商店的生活"

👤 **讲 述 人** 　郝旺金

🕐 **时 　 间** 　2021 年 3 月 30 日

📍 **地 　 点** 　河南红旗渠干部学院

人物简介

　　郝旺金，男，1942 年 9 月出生，中共党员，林州市东姚镇西峧村人。1960 年 8 月至 1979 年在东姚供销社工作，后到供销社贸易公司工作，从供销社退休。1960 年 2 月，以学生身份到红旗渠工地劳动，先后在任村公社白家庄、山西平顺县石城参加修渠。1961 年 3 月至 1964 年底，作为东姚供销社职工到红旗渠工地"随军商店"工作，先后转战青年洞西的叉子沟，任村公社枸铺、阳耳庄，姚村公社坟头、申家岗等地，尽心尽责做好物资供应保障工作。

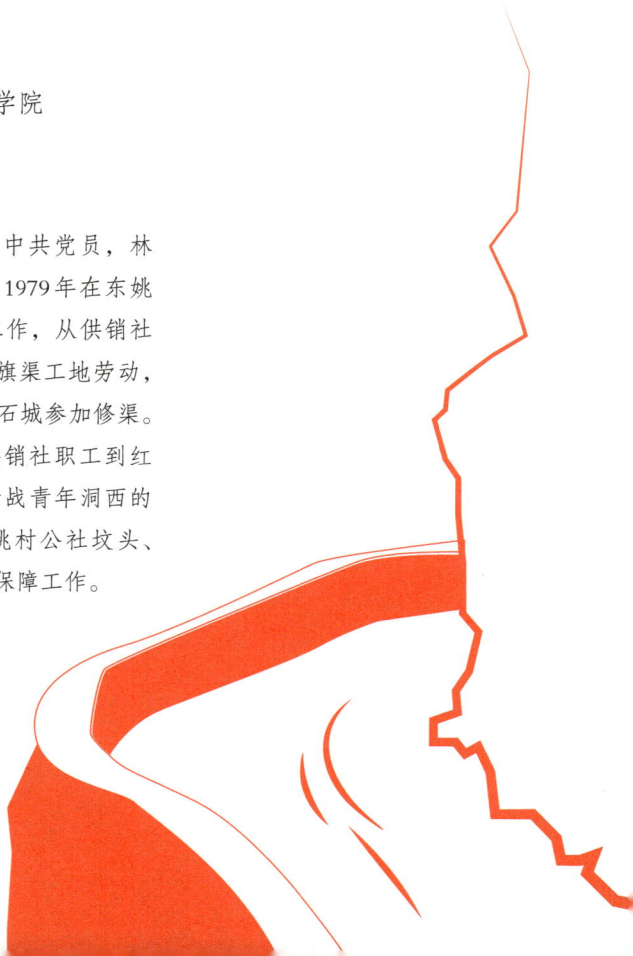

初上修渠工地

我叫郝旺金，1960年我18岁，正在东姚上初中三年级。正月十五，学校统一组织我们到修渠工地参加劳动。当时我们一个班有四五十个学生，我在5班，班主任是路明生。路老师带着我们步行往修渠工地走，每个人背着铺盖，带着干粮。我们这些学生都是第一次出远门，走到县城后，有几个学生跑到老四所，去看新盖的楼房，觉得很稀罕。第一天住到了姚村的林县四中。

到工地后，我们这些学生都回到了自己所在大队参加劳动。我们大队的工地在任村公社白家庄，住在石贯村。

当时我们西峪大队有6个生产队、600来口人。我和薛明生、任发生、郝炳吉（音）等几个同学都是一个村的。除参加劳动外，我们这些学生在工地上还有一个任务，就是把工地上发生的好人好事编成快板，交给负责工地宣传的任发生。任发生就用一个铁皮卷成的喇叭，在工地上宣传宣传。

在白家庄，我们的主要工作就是挖土、挖渠沟。干了20多天后，上级通知往山西省转移。我们从石贯村北边的一条山路往山西走，山路很窄很陡，走了一天时间，天黑时才到了山西省平顺县石城村。

当时，我们住在漳河北岸石城村村边的一个土窑里。这个窑洞距离村庄不太远，原来是一个羊圈，地方很大，东姚大队西街、谭家大队的人也住在这个窑洞里，总共有五六十个人。

在石城修渠时，生活还好一点儿。每天晚上，民工吃过饭就回窑洞休息了。当时，谭家大队一个叫邓海林（音）的人看的书多，很会讲故事，每天晚上大家都听他讲一阵故事。很多事都模糊了，但这件事我记得很清楚。

铁筛子底下躲炮

我们的工地在漳河南岸上，每天上下工时要蹚河过去。那个时候天气还很冷，卷着裤腿过河人也很受罪。我现在腿一到阴雨天就疼，估计和年轻时受了寒气有关系。后来，为了上下工方便，林县人就用檩条搭了一个漫水桥，才不用蹚水过河了。

我们在工地上的主要工作就是抬土、搬石头、和泥、灌浆。那时候年轻，舍得出力气，也没人偷懒。和破灰泥时，需要把土和石灰掺和到一起，泥水常常溅到眼睛里。那个时候根本没有什么防护措施，石灰泥水刺激得很，溅到眼里很难受，时间长了视力就模糊了，看什么东西都是模模糊糊的。

我们这些学生一边劳动，一边把在工地上看到的好人好事，编成顺口溜写到小纸条上。任发生就用铁皮喇叭宣传谁谁劳动好，要大家向他学习。任发生除负责宣传外，也得劳动。

我们住的地方虽然离石城村很近，但是也很少去。那次石城赶集，工地放了半天假。石城村有一个戏台，我们去看了半天戏，这也是唯一的一次。工地平时忙得很，我们根本没有时间去村里转转。

在工地上，我也经历了一次危险事。有一天晚上下工后，我和本村一个叫薛喜林（音）的人去离工地不远的青草凹村理发。理完发走到渠线上，突然听见"轰隆"一声炮响了，我们真是吓死了。看到路边有一个铁筛子，两个人急中生智，赶紧钻到了铁筛子底下躲在渠岸下。崩起的石块呼啦啦落下来，砸到了石筛子上，万幸我们没有受伤。放炮时有人放哨，但那都是在主要路口，由于我们走的是小路，没有人注意。

当时，东姚公社分指挥部的指挥长叫刘老二，是公社副书记，老家是

河北省邯郸的，抓工作很硬。还有一个东姚供销社的叫郝海伏（音），30多岁的样子，有一次，他脱了棉裤到河里搬石头，所以我对他印象很深。我们西峪民工连的连长叫郭金才（音），40多岁，因为没有成家，一直在工地负责。

在工地上劳动了两个多月，接到上级通知，我们这些学生回家上课。我们步行到任村公社盘阳村时，天快黑了。正好碰到了一辆汽车，我们一人出了几毛钱坐上了车。这也是我们第一次坐车，觉得汽车快得不得了，路边的树和房子一转眼就跑到身后去了。晚上，汽车就把我们送到了东姚公社。

山沟里的"随军商店"

1960年7月份，由于我的成绩好，表现突出，经过学校和老师的推荐，我被选拔到东姚供销社工作。接到通知我就到东姚卫生院检查了一下身体，随后就和新招的那一批人到县二所培训。县委财贸组的人负责培训，培训了十几天。培训结束后，我就被分配到了东姚供销社。

我们那一批从农村去的比较多，我记得有魏新周、陈相吉、郝红玉、李明生、李勤来、杨章生（音）等。我们的工龄是从1960年8月1日开始算起。当时，商品供应严重不足，供销社营业员那是很吃香的。俗话说，手中抓着一把钱，不如认个营业员。我被分配在供销社收购站，收购站有4个人，负责收购药材、农产品，还收购生猪、羊。

1961年3月份，我接到通知，让我上红旗渠工地"随军商店"工作。当时东姚公社分指挥部的驻地在现在青年洞西边一个叫叉子沟的地方，那条沟很大很深。"随军商店"跟随分指挥部，驻扎在山沟里。

当时，东姚公社分指挥部十几个人住在一个大帐篷里，吃住都在那里，伙房就在帐篷外面。"随军商店"就是一个小帐篷，里面平时根本不存留什么商品。因为当时正是困难时期，主要商品就是食盐、煤油等几样东西。去盘阳把食盐挑回来，来到工地后就给各个民工连食堂送过去。当时每个民工的食盐是定量的，都有指标，每人每月大概是3两。煤油是民工晚上照明的必需品，也是"随军商店"的主要商品。

当时，采桑公社在青年洞附近的杏树凹，也有"随军商店"，营业员叫宋水全（音）。我们是同行，有时也到一块说说话。

当时，东姚供销社一个叫郝海伏的人和我住在帐篷里。那时候的条件可真艰苦，特别是到了六七月份，河沟里的水很大，帐篷里潮湿得很。被子白天晒干，睡上一个晚上就又潮了，潮乎乎的。特别是到了下雨天，天上下大雨，帐篷里下小雨。夜里就更难熬了，我们只好用石头垒个座位，打着伞，抱着卷起来的被褥，坐等天亮。

那时候的蚊子、跳蚤特别多，晚上咬得你根本睡不着觉。有一次，我去盘阳村背回来一袋子灭跳蚤的农药"克虱净"，有50斤重。这种药腐蚀性很强，过了木家庄村，我的脖子就被扎得又红又肿，难受死了。

我去收干菜，都是分指挥部安排的，多少钱买的，多少钱卖给各民工连，不加差价。还有食盐、煤油等商品，也都是规定多少价，卖多少价。那个时候，食盐很便宜，一斤大概是一毛钱左右，时间太长记不清了。过去的商品，全县基本一个价，不能随便提高价钱，价格给你卡死了，但也有一个地区差。

在工地上，我和各个大队的人打交道。民工都是定期轮换，因为一直打交道，所以和各村的民工连长、司务长比较熟。现在我还记着不少村民工连长的姓名，像东姚的副支书冯四、南窑的王明、辛村民工连连长郭文龙等。各村民工连长都是村上的副支书、副队长，虽然他们也轮换，但他们经常上工地。

开荒种菜来补贴

粮食不够吃，我们就想方设法找充饥的东西。工作之余，我就去山坡上开了一片荒地，种上了南瓜、豆角等蔬菜。工地上不缺粪便，可以给蔬菜做肥料。蔬菜长得不错，搭配上粮食，确实改善了我们的生活。

当时，东姚公社分指挥部有十几个人，都是从东姚公社各单位抽调的。仅东姚供销社就有四个，分别是郝保荣、宋太兴、郝海伏（音）和我。其他的有东姚邮电所所长王万全（音）、东姚税务所的刘冠成（音）、县税务局的申德才（音）等，通讯员是苗贵宝（音），伙夫是秦狗二，会计是殷根来（音），技术员是宋龙太（音），保管是赵林中，工地医生是王长生，吹号的是张河太（音）等。这些人绝大多数都过世了，健在的没几个了。

从1961年3月到秋末，我们一直驻扎在叉子沟里。记得当时刨了红薯后，"随军商店"移到杓铺村住了几个月，不到一年时间，又移到阳耳庄村大概两年左右。但是，我们开荒种菜这个传统没有丢，住到阳耳庄后，我们还到阳耳庄村对面的木秋泉村的山坡上开荒种菜。

1964年夏天，露水河发了大水。为了去对面的木秋泉山坡上摘南瓜，我和分指挥部的会计、保管几个人只好绕道，从杓铺村到白家庄村，沿着十孔渡槽到了尖庄村，再到木秋泉村。一人背了一袋子南瓜，原路返回。

本来两三里的路，因为涨水多绕了30多里。

有一次，我们去摘南瓜时，正好在路上碰到了县委书记杨贵和县供销社主任刘友明。他们去南谷洞水库检查工作刚回来，一开始以为我们去偷人家的南瓜了，问清了情况以后还说这法子不错。

门面大了货物全了

东姚分指挥部在杓铺村时，我换了三个地方，第一个是在石艳周（音）家的猪圈，第二个是冯阳伏（音）家，第三个是冯增周（音）家。

当时，我们从叉子沟过来后，民工们在西山上劳动过几个月，后来才移到木秋泉那边修渠，反正不是直接到木秋泉的山上劳动。可能那就是后来说的"隔三修四"，上边说是要先利用南谷洞水库的水让群众浇上地。

1962年春天，我们移到了阳耳庄村，差不多住了两年时间。"随军商店"这时候才有了个商店的模样，有了三间门面，营业面积有二三十平方米，货物全了，品种也多了。吃的东西有饼干、糖球等，用的有针头线脑等，穿的有衣裳、布鞋、垫肩、雨衣等。过两三个月时间，我就拿着票据回一趟东姚供销社对对账目。

当时，合涧、河顺、东姚三个公社的分指挥部都住在阳耳庄。"随军商店"这时候既服务民工，也服务当地的百姓。当然，商店里还是只有我一个工作人员。每到吃饭时候、黄昏时候，民工们都来买东西，我真是忙得不得了。其他时间，各民工连食堂的司务长来买油盐酱醋等东西。当时商店去任村集上进货，因为红旗渠总指挥部供应股就设在那里。我进货时要用汽马车去拉，进一次货有一两千斤。

记得那时候总指挥部专门进了一批旧雨衣，三五块钱一件，很实惠，民工们很喜欢，没少买。还有一种花柴皮（棉花秆皮）做的衣服，棉线比麻包线还要粗，很厚实，穿着也很暖和，这东西下得也很快。解放鞋当时两三块一双，防水，民工买得最多。那时候，工地上不少人经常把裤腿卷到膝盖上，为啥呢，因为膝盖上都是破窟窿。

商店里还有烟、酒、牙刷、牙膏，牙刷、牙膏主要是分指挥部的干部买，老百姓不买。香烟有九分钱的火车头、一毛五的拖拉机、两毛的大刀、两毛五的金钟等。

商店里也卖白酒，但是不贵，都是几毛钱的。酒是散酒，一提一提卖，一提有一两的、二两的。买酒的不多，那时候经济都紧张，普通民工和老百姓谁能喝得起酒呢。

那时候的东西都便宜，一个马灯两三块钱，两节手电筒一块多钱，一节电池一两毛钱，在工地上理个头发也就一毛五。

到了阳耳庄时，工地上的生活就好多了，改善了不少。我们在分指挥部吃饼的时候多，偶尔也可以吃上一顿饺子改善改善，肉馅的、素馅的都有。食堂里的肉菜是一毛二，素菜一毛，一个饼4两粮票，一碗面条3两粮票，一个疙瘩1两粮票。

我觉得最困难的就是在叉子沟时，吃住非常艰苦。现在的年轻人想都想不到，我就是想告诉他们，不要忘了那一代修渠人受的罪。

我真是佩服马有金

红旗渠总指挥部指挥长马有金，在工地上时间最长，他可是出了力，出了大力。我在渠上四五年，真是佩服马有金。

当时在工地上，每天天不明，民工都得到工地。马有金总是早早就到了工地。他是一个粗喉咙，一看工地上人不多，扯起嗓子就喊："啥时间了，啥时间了还不上工！"

工地离阳耳庄村不远，各公社分指挥部的领导一听见马有金的喊声，赶紧扔了碗就往工地上跑。

马有金在工地上对工程质量卡得很严。他经常拿着一根铁锹，随时在渠岸上给你别一块石头，看看灌浆瓷实不瓷实。一发现质量问题，不合格，必须立即返工，不管你垒了多高都得掀掉重来。都偷工减料，哪能修成红旗渠？

阳耳庄到任村，需要经过露水河。那时候露水河的水还很大，冬天也得蹚水过。红旗渠修第四期工程时，民工每天都得过河到木秋泉的东山上劳动。露水河上需要架一座便桥，虽然好几个公社的民工都住在阳耳庄，但是谁也觉得不该自己修。这件事就这样拖了下来，一直没人解决。

1963年冬天，有一次我去任村提货，回到了露水河东岸。看到马有金带着各公社分指挥部的领导在

▲ 马有金打洞　*魏德忠摄*

那里开会，我就停下来在那里看。开了一阵会后，只见马有金三下五除二脱了棉衣棉裤，穿着裤衩就下到河里去捞石头，用来垒砌桥墩。其他领导一看，也纷纷脱了衣裳下河捞石头。就这样，仅用两三天时间，露水河上就架起了一座便桥，解决了民工上下工蹚水过河的问题。

1964年冬天，"随军商店"移到了姚村公社坟头村，但是，提货仍得到任村去。不长时间，我们又移到了申家岗村修建二干渠。再后来，"随军商店"完成了自己的使命，就撤销了。

随后，我就回到了东姚供销社。1965年4月5日，红旗渠总干渠通水典礼在分水岭举行时我没有参加。具体啥原因没参加，时间太长了，我记不清了。

到啥时候，我都不会说红旗渠不好。杨贵老书记领导林县人民修建红旗渠，就是为民造福。

1979年，我调到县供销社工作，后来任县供销社贸易公司经理，最后从县供销社退了休。

我觉得现在的政策真不赖，生活也没说的，人得知足。所以，我经常教育自己的子女：工作要向上比，越比劲越大；生活要向下比，越比越知足。

（整理人　陈广红）

李江林

"林县的水利工程我基本都干过"

⊗ 讲 述 人　李江林

🕐 时　　间　2021年4月9日

📍 地　　点　林州市石板岩镇郭家庄村土江滩自然村

人物简介

　　李江林，1941年12月出生，林州市石板岩镇郭家庄村土江滩自然村人，参与过弓上水库、南谷洞水库、红旗渠修建。1960年参与红旗渠总干渠修建，主要负责抬石头、筛沙、清渣等一线工作，1960年年底回家不再参与修渠。

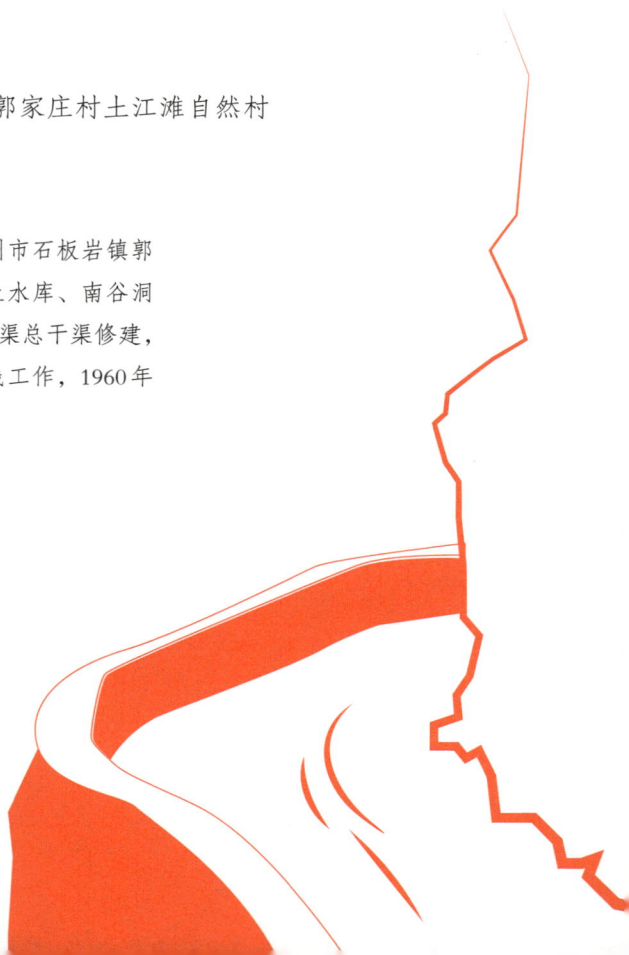

我叫李江林，石板岩镇郭家庄村土江滩人，今年81岁，家里有一儿一女。我兄弟四个，我是老大，三个弟弟都去世了。我在宋家庄上了四年小学，后来又转到郭家庄。上了不到一年，我爹说家里劳动力不够，让我辍学回家干活，就没再上学了。那时候上学晚，我小学毕业后18岁就上南谷洞去修水库了。

"修建南谷洞水库时我被评为模范"

1958年我在南谷洞水库干了一年，1959年在南谷洞半年，下半年又把我调到弓上水库。我刚到工地时，就是挖渣。因为修水库，西乡坪一些村庄还得移民，像西乡平、黑龙沟等一些村移民，一些群众也不愿意搬迁，但是没办法。我们土江滩村去了6个人修南谷洞水库，郭家庄村包括了十几个自然村，一共就是小一百号人，都是从自己的村出发去的。我在南谷洞水库就是负责清基、打坝、推罐车、夯土等重活。修水库时就在工地吃住，住的时候就是用席子搭个棚，躺在地上，去找点干草、树叶垫一下当铺垫，直接就躺那了。我们的营长叫石艳福，连长叫李道红，县城的指挥部一个叫老王的领导负责指挥。当时石板岩一共分了3个营，1个营有200多号人，1个连有700多人。

在南谷洞水库，前期清基，后期打坝。清基的时候，挽起裤腿，去坑底挖石渣、淤泥，清基一直清到山脚下，到山脚下再垒石岸。清基的时候，刚开始还是在脚脖那么深，后来到膝盖，再到大腿根，后来实在水太深了人没法下去，就坐到船上去挖。清基的时候还是正月天，腿因为经常下水，冻出冻疮，连队就找来酒，下水之前让我们用酒擦一下腿，那样

▲ 南谷洞水库大坝　魏德忠摄

就不太冷了。酒也可以喝，让我们擦身和喝的酒，用陶缸装着。但是不管擦的腿再热，一下水还是冻得不行，腿又硬又疼，但是腿在水里泡一会儿，也就不太疼了，所以最怕的就是刚下水那一会儿。清基的时候不只有石板岩公社，其他公社像东岗公社也去，清基的时候为了保证不漏水，必须挖得很深。我们村有个叫李来福的人，和我是本家亲戚，我们那时候一起都在水库干活。

清基的时候，越往下水越深，水很深的时候，用抽水机都抽不干，当时的水坑，看着挺浅，其实水下很深，把铁钎等工具插下去，都插不到底，抽水机都赶不上积水的速度。我们先用沙包垒起来，把坑里的水赶到一边，不停地用沙包赶水，那样才能暂时让坑底露出来，进行清基。清基就像拦河一样，也是不停地赶水放水。清基到最后，领导说到底了，我们就停止清基。但是我觉得，其实应该还没到基底，因为我看到还一直有水渗出来，这样就不算是基底。就是因为没有清到最底部，所以刚开始我们清基筑坝的时候，还发生过漏水事故。南谷洞水库大坝看着不大，其实坝底很宽，它是上窄下宽，最宽的在底部，从上边看不到。

因为天天在水里泡着，天冷，上来风再吹一下，我身上的冻疮裂开，一个小口子一个小口子都挨着。冻得再严重也得下水，那时候也没有塑料皮靴子，大家都是赤着脚，怕沾湿鞋，就穿着凉鞋，凉鞋也是自己做的布凉鞋，有时候嫌鞋子麻烦，连凉鞋都不穿。

我在南谷洞水库干了一年多，平常负责抬石头、筛沙、推罐车。推土主要用罐车推，推罐车时很危险，罐车都是铁车，又沉又锋利，从峭壁上推过来，下坡时速度太快刹不住，就用木棍别住，因为罐车没有刹车，刹不住车的话容易翻车。我也被翻倒的罐车撞过，但是撞我的人我也不能去找他，因为大家都在工地上干活。受伤后，我也没回家，就在工地养伤，腿上撞得很严重，好几个月都疼得不行。在工地上因公受伤的话工地也给治疗，也给记工分，我的腿被撞得两个月不能走，休息了两个月，小腿肚流血也露出了肉。我在工地休息时，工地上的医生就给我包住腿敷药，让我吃药，当时缺医少药，疼得不行的时候就给我吃止疼片。

抬石头时，我们去蕺子沟抬石头，队里用炸药把石头炸碎，我们负责抬回水库。放炮也是个危险活，因为得把炸药下崖放到崖壁上，我知道的马鞍垴村的贾贵就是在下崖装炮时摔死了。我知道的王天生也在放炮队，王天生还是任羊成的老师。下崖得下到几十米的悬崖，我也会下崖。下崖的人都是胆大的人，因为我们村以前经常下崖掏五灵脂，五灵脂也叫飞鼠屎，飞鼠就跟蝙蝠差不多，有翅膀，大小跟半大小猫差不多，吃柏树、松树子。五灵脂可以用来止疼，效果很好，疼的时候熬一下，或者直接热水冲着喝，一喝就不疼了。推罐车时，负责计数的人给我们发票据，根据票据来计工，我们一天要跑20个来回推罐车，跑一趟的话，给我们的票上盖一个章。

当时吃饭吃不饱，喝稀饭的话给两碗，吃干饭的话给一碗。我们都是早上6点左右吃早饭，根据吹号起床吃饭，早上就是玉米糁稀饭，中午可以吃馍，有时候也有窝窝，馍大的话是半斤的馍，小的话就是二三两的馍，只能拿一次，汤尽喝。晚上就是稠稀饭，夏天的时候晚上8点吃饭，冬天的时候6点左右。过节的时候工地吃面条，或者馒头加汤。我们住的席棚里住了一二十人，哪个村的人都有，大部分我都不记得了。南谷洞牺牲的那个元金堂我听说过，是牺牲在2号洞。

我在南谷洞水库时还当了模范，给我戴着花，边上有喇叭笛子吹，还给发奖状，但是不发东西，是1959年上半年给我的奖励。

"弓上水库和红旗渠，很多事我记不清了"

1959年时连里让我们去弓上水库援助，我们连里去了七八十人，拉了好几车人，当时郭有恒带着我们去，先步行到任村再坐车，当时石板岩也没路，就在河底，每个人带着铺盖，没带锅，只带自己的碗。我在弓上水库填坝基、抬石头，抬石渣、填坑。弓上水库那会儿没有罐车，都是抬的。弓上水库工地上有个叫郭二黑的，抬石头很厉害，因为抬石头厉害，还给他戴大红花，吹喇叭宣传他，当时抬石头，我们是几个人一起抬，他一个人用担子担两担子石头，这个人能吃能喝，他一个人能吃半筐红薯，因为他出力多，食堂也尽他吃，他一米八九的个头，很壮实。我们在弓上水库时都是穿布鞋，胶鞋穿得少，因为我们买不起。工地上理发、钉鞋的都有，工地上理发不要钱。在弓上水库劳动时，当时已经听说引漳入林了。

　　我从弓上水库回来后，引漳入林工程开始修建，我直接从家里走到引漳入林工地上。当时队里队长分配名额去修渠，我们村去了6个人，还有两个女的，都有孩子了。我们村1960年正月去了一批，大家带着铁锹、镢头就上工地，后来还因为铁锹太小，我还让家里又捎过来镢头。当时我步行到山西石城，在石城修渠，中午吃饭的时候就把饭送到工地上。当时我们的连长叫刘董，司务长叫李老丙。我们工地在石城东庄村，刚到工地没地方睡，直接睡地上，找一堆树叶垫下面，当时我们住的人家山西群众的房子里，住了十几个人，这么挤还是人家山西特意给我们腾了一间房。伙房就在院子里，我们石板岩3个营，1个营100多人，1个营一个伙房，1个营有3个连，连下面是班，我们班班长叫郭有福。第一天晚上在渠上就是喝的稠稀饭。

　　我们刚到渠上后，营长给我们开会，主要是让我们安心工作劳动、服从管理、遵守纪律等，我记得我们的工作纪律是几不准。当时工地上还有学生军，学生和老师都是各自分到自己的村子参加劳动。我们连队的宣传员叫郝庆东，后来也死了。

　　石板岩在红旗渠上的渠线有318米，工地不到石城。中午我们不回驻地就是在渠上吃饭，伙夫用筐子、木桶给我们送饭，碗是我们自己带的那种黄色的大铁碗。

　　渠线是用白色石灰撒的，我在渠上就是筛沙、抬石头、清渣，有时候也打钎。女的管扶钎，男的打钎，女的可以替换，但是男的不能换，刚到工地时一些女的经常扶钎时被砸手。我们有时候也负责打炮眼，半天打四五个炮眼，一个炮眼有1米左右，有技术员专门给量好。我们连队的炮手叫王天生，炮手归渠上统一管理，还有专门负责除险的队伍叫大炮队。施工的时候技术员来找平，用的标尺。

工地上还有宣传员，一般都是学生当宣传员，为了做好宣传，工地上还经常写标语，插红旗。

在山西施工时我们还经常去石城给人家修房子，因为修渠会震坏人家的房子，我一共去修了两次。我上渠时带了两双布鞋，一双球鞋，球鞋主要是下雨时穿。

我是从1960年正月上渠，11月下渠回家的，当时已经修到了河口，到11月了。

（整理人　张利华）

郭来存

"没有红旗渠就没有现在的好生活"

⊗ **讲 述 人**　郭来存

🕐 **时　　间**　2021年4月12日

📍 **地　　点**　林州市姚村镇东牛良村

人物简介

　　郭来存，男，1945年出生，林州市姚村镇东牛良村人。15岁就开始上山修渠，23岁的时候加入中国共产党，曾在红旗渠工地上抬石灰、抬水、铲石渣、打钎，在任村公社尖庄段担任过司务长一职。

小小读书郎　立志修渠忙

15岁的时候，我开始上太行山修红旗渠，当时我在姚村下陶村社办中学读初中二年级。因为我是8岁开始上学，读初二时15岁。我原来是在三孝村社办学校读书，后来合并后，我才到下陶村社办中学。1960年正月，全县号召上山修渠，有的民工正月初七、初八就已经出发，他们提前过去修通林县通向山西平顺的大路。我们社办中学的学生也不例外，老师们也是多次跟我们讲修渠对我们林县的重大意义。我积极响应集体号召，就跟着去了。

一扫即见，感受亲历者的原声珍贵讲述

在去之前，我们都已经和家里商量好了。我父母也很支持我。父亲当时他正在参与南谷洞水库的建设，后来也参与过弓上水库的修建。父亲名叫郭春季，也有人叫他郭玉珠。出发时，母亲还给了我3块钱。因为到了工地上就是吃食堂大锅饭，不需要带太多钱。家里还剩下两个姐姐和一个妹妹。

我们是正月十六上午出发的，我们排着队。领着我们一起上山修渠的有3名本校教师，其中包括我的班主任陈发茂。还有一名女教师，但是因为时间过去太久，那时候自己也还小，我记不清她的名字了。我们班里大多数人都去了，只有极少部分的女生没有去。我记得当时高举着红旗，自带着铺盖卷和衣服。老师还要求我们带上课本，包括语文、数学、农业常识、政治等，还提醒我们自带垫肩。柳壳帽子到那可以领，不需要自己带。从学校步行向着山西王家庄附近工地出发。我们走的是大路，经过任村、盘阳村时已经到中午了，自己随便买了点吃的。到那儿有100多里地，我们足足走了一天。

等我们到了指定地方的时候，天已经很晚了。我们被安排到一个二楼的住处，二楼没有门，只有一个楼窗。因为人多地方少，我们就在二楼的

大房间里用一张帘子从中间隔开，旁边安顿的是其他女同志。直到第二天我们才找到各队各村的民工休息处。当时规定学生要按照所在村子和修渠民工们住在一起，所以羊没有集中分在一起。我们住的地方就在王家庄附近不远处的窑洞中，一个窑洞住四个人。当时我是和西牛良的王露松一起住，我俩也是在一起干活。

来到山西省王家庄段工地之后，当时姚村公社的东牛良村、西牛良村以及秦家庄三个村子合并在一起，由一个大队统一负责。我们几个同学，分到大队的有四五个，和我一个村的有刘明堂、王露松和石元锁。我们三个除了刘明堂是17岁外，另外两个人和我一样都只有15岁。当时我们学生一到那负责是抬石灰、抬水，从漳河的岸边一直抬到太行山的半山腰，重量大约50斤，往返大概有三四里地。

当时老师负责管理我们，他会为我们记下一个人走了多少遭，就是通过写"正"字的方法。当时我们抬东西的杠子上焊有铁钉子，目的是防止水桶或者筐子来回滑动，我们都叫它良心斫儿。每天要走24遭，路上都是放炮崩山后的碎石子，很不好走。在工地上我也扶过钢钎、搬过石头等。我们一周有五天是老师帮我们上课辅导功课。上课老师就是找一块空地，有一块小黑板。因为书本比较厚，时间短，所以理解起来不容易。我的数学后来逐渐跟不上，尤其是分数以及解方程式等。老师也是一直跟我们讲修建红旗渠的意义，可以改变林县面貌，也经常给我们说水利是农业的命脉。

当时我们干活的工程量都是先按照公社来划分，然后再分到各村，每人每天必须干够一定的量才行。上工我们两个人一组，戴着柳壳帽子是为了安全。肩膀上放着垫肩，一方面是保护自己，另一方面也防止衣服被磨破。尽管如此，在干活的时候我们穿好几件衣服，但是还是会磨成很大的窟窿。

当时我们两个人抬着50多斤的石灰或者水桶，前边的人就用力往上拽，下边的人就使劲往上推，两人齐心协力，团结一致。

我们抬的石灰都是由姚村公社申家岗村负责烧制的，当时也称该村为小岗村，他们这个村子就是专门负责烧石灰。烧石灰用的是大窑。当时还没有空运线，条件还达不到，比较穷，物资跟不上。

刚上去时是1960年，国家正困难，自然灾害也严重，没啥吃的。当时在工地上，大队伙房就用红薯叶配着粗糠，尽管当时县里会给补贴，但是很少。早上就吃一个黄疙瘩，玉米面拌着菜，要是你不想吃带菜的，你可以吃只有玉米面的，但是个头看起来就要比带菜的小很多。当时每人每天的口粮都是固定下来的，以粗糠、红薯叶、红薯面为主，吃不饱我们就喝水消除饥饿感。再加上自己带的口粮，根本不够吃。因为粮食少，所以当时都是按照一份一份饭来分，由于我的年龄小，还达不到一个成年人的份饭。绝大部分的人都吃不饱。在当时一个人的标准一天就是一斤的口粮。我还记得有一次因为粗糠放多了，很多人吃了肚子不消化。

▲ 工地巡诊　魏德忠摄

工地上的申春杰挎着医药箱在几个地方来回转，一天转一圈，为受伤的民工们抹点碘酒，包扎伤口。我干活的地方距离王家庄隧洞比较远，我们在王家庄村西头，距离那里大概有一两里地。我回来时曾经路过王家庄安全隧洞，吴祖太技术员牺牲的时候，我也听说了。我也见到过铁罐车，轨道记不太清了。

在工地上我很少去供销社，因为钱不多。老师也是反复给我们讲引漳入林的意义，说修成之后就可以改变我们林县十年九旱、水贵如油的现状。我们和民工一起干活，一起住，他们经常晚上提醒我们早点睡觉，开饭的时候喊我们吃饭，干活的时候提醒我们注意安全。

当时我们工地上有我的自己家一个二大爷，名字叫郭玉华，他也是经常关心我，提醒我注意身体，别感冒，走路要记得看脚下。我能来修渠，也是因为在社办学校读书，如果在村子是轮不上我的。因为村里男劳力的年龄在17岁到60岁之间。我们在工地上吃饭、上工也都吹号。当时我们住的地方离吃饭的地方也有1里多地。我们在王家庄上边一点的窑洞里住着，也没有窗户，窑洞里边很潮湿。

在工地上也有信用社，专门用来存钱用，防止民工们干活时不小心把钱弄丢，我也在那存了一两块钱。有专门的人员挎着包负责收。等到从工地回来的时候，再去找到人家领，有一定的利息，但是很低。

修渠时对山西的土地、树木造成了一定的损害，当时为了安抚山西的老百姓，我们县还派出了剧团为人家演出。豫剧一团和二团，一唱就是十天八天。有时候我们吃饭的时候也会去看，唱的比较好的人有侯栓芹等。

在王家庄段工作的那几个月，生活都要靠自己，衣服拿到漳河里去洗，也没有肥皂。在工地上，自己必须学会自立。

在王家庄段工地待了大概100天，我们在5月底开始返回。回来时我们走的是山路，经过骡子断、从圪针林翻山过来，也是走了差不多一整天，有100多里的路。当时年纪小，还要背着铺盖卷，尽管当时我很瘦，但是比较高。当时吃了不少的苦，但是我从未哭过，当时大的形势就是那样，同学们都在修渠。现在日子变得好起来了，每当我回忆起那段艰苦岁月，总是忍不住掉眼泪。

"一天两斤口粮，完全够吃了"

在山西省王家庄段待了大概100天后，根据上级的指示要求，我们学生就从渠上退回来了。回来后我又返回到学校，学校又组织我们去河顺公社东里村修铁路，还上山采荆条子。修完铁路，我们学校就解散了，谁要是还想学习就并到四中去，原来的社办中学就算没有了。我因为功课落下得太多跟不上，就没有选择再去四中上学。

1961年，我又开始上山修渠。这一部分属于红旗渠的二干渠。渠从村子的东边穿过来，正值春天，树叶发了嫩芽，我记得有好多人去找树叶吃。我住在尖庄村一户名叫杨发林的农民家中。我们的连长是桑茂林，后来又换成刘逸云。1962年春天，我在工地上负责出渣，我父亲也从南谷洞水库回来了。父亲已经年老，我就在工地上代替父亲干活，我待的时间也就比别人的时间长一点。我们干活给记工分，我记得在尖庄时生活条件要比之前好很多，我们是带一斤粮食，县里边补贴一斤的粮食，这样算下来，每个人一天有两斤的口粮，完全够吃了。

自带的口粮一般是自己去的时候带上，但是如果因为某些原因不能拿上，后面会由村子里专门负责的人往上面送。他们会来家里收，然后记上各自的名字，如果你自带的口粮少了，回来之后还要补齐。上级也会为我们补助白面、小米、油等，中午我们有时会吃面条、玉米面配萝卜条等。

红旗渠是一条幸福渠

1963年我又到白家庄段修渠，我担任司务长。我们的连长是刘记云，我们村大队的会计叫郭存山。司务长就是负责为大家收齐粮食，统计好人数，搞清楚补助粮食，负责到粮店去领回来。我去的就是位于任村镇上的粮店，基本上是一月一结算。能当司务长，是因为我小时候父亲教过我打算盘。1963年正月，大队会计安排我当司务长后，给了我两个账本，一个花名册，我需要每天记工，记清每个人生活上自己带了多少口粮。每天都要统计，一斤粮食补贴三毛钱，一个月去粮店结算一次。偶尔剩下粮食余钱后就割肉、烙饼，给大伙改善一下生活。

后来别人往工地上送菜的时候，我曾经也去接过菜。就是用钢丝绳、用小船从漳河的北岸接，红旗渠总指挥部也在北岸。有时候小船不够用，我们就需要蹚河过去。在山西那一块地方也有一个比较有趣的风俗，就是蹚河到对岸的时候必须把上衣脱了，不然的话要是遇到在漳河边上洗衣服的山西人就会骂你。遇到大风一般也不会送粮食、送菜，我们就靠着余粮过日子。有时上工也要蹚河，一天来回走四趟，过河的时候有被冲走衣服的，有被冲走鞋子的，也有因为下边都是光滑石头滑倒在水里的。

我在渠的西岸待得比较长，有两年时间。我们是根据人口多少分活，两个月一换。每个月剩下来的钱，如果为村子上置办厨具，就算置办了财产，如果用来购买生活用品那就是消费了，比如说，买煤、买调料等。粮食也都是放在大的帆布袋子里边，我也会帮着后厨切菜。那时修渠的工具都不需要自己带。补贴的一斤粮食按粗粮和细粮的比例分。除这一斤粮食外，还会给五毛钱，钱和粮食都是去粮店领。补贴是按照出勤来算的，粮店每天都会派人来统计。当时也有随军商店，日用品基本也都可以买到。每天有专门的汽车拉到尖庄村，然后推着小车去买。每天三顿都会登记清楚，你交了多少粮食，你出勤多少，都要结算，如果粮食没有带够，回头会让他补齐。

　　下雨天的时候，不能上工，当时西牛良村有一个音乐队，有的人比较爱唱，比如豫剧，也有唱《梁山伯与祝英台》的。吃饭的时候民工们也都会过去看。

　　后来在工地上干活，我们也可以记工分，等到年底转村大队可以分红。在工地上，我也听到过李改云救人的先进事迹，也见到过放炮能手常根虎，也见到过杨贵和马有金。

　　在姚村镇坟头岭段也修过一段时间，时间不长，主要是负责搬石头、打钎等工作。尽管当时粮食已经够吃了，但是修渠依然是非常危险和辛苦。

　　十年之后，红旗渠顺利竣工。红旗渠是一个大工程，建成之后，我们村可受益了，粮食亩产量由过去的 200 多斤增长到 800 多斤。红旗渠不仅是一条引水渠，更是一条粮食渠、一条幸福渠。没有红旗渠就没有林州现如今的好生活。

（整理人　郭晓明）

赵爱芹

"修渠工地上从不偷懒"

⊗ 讲 述 人　赵爱芹

🕐 时　　间　2021 年 4 月 15 日

📍 地　　点　林州市茶店镇贝村东贝自然村

人物简介

　　赵爱芹，女，1939 年 4 月出生，林州市茶店镇贝村东贝自然村人。她先后参与过要街水库、淇南渠、淇北渠和红旗渠工程。1958 年前半年修要街水库，在工地上挑过土、喊过夯、推过石头。1958 年后半年，参与大炼钢铁。1960 年正月，她接到队长通知，让她和村里人一块去山西修渠，住在山西省平顺县东庄村，在工地上干过打钎、装老炮、装石灰窑等。

修水库　炼钢铁

　　我的娘家在临淇镇关也村，我是22岁出嫁的，家中有两个妹妹和一个弟弟。我是家里的老大，平常就负责做饭。父亲在外面修铁路，成天不在家，家中就剩下了生病的老母亲、老奶奶和年幼的弟弟。我没有上过学，因为母亲常年有老胃病，为了在家中照看母亲，就带着弟弟拿着板凳只上了一下午学。当时大队成立了食堂，还有生活老师、养老院和幼儿园。由于家庭贫困，我母亲没钱吃药，还要给别人看孩子。

　　1958年上半年，当时队里需要几个人去修要街水库，大队说："男人不够，妇女去，妇女不够，小孩去。"就这样，19岁的我就和同队的韩常英、韩喜凤（音）等人一起去要街水库。我们那时候是六个村同属一个大队。当时是侯一章（音）任大队长。我们到了要街，工地都还没开工，所以我们只能先打基础，像盖房子一样，把土给填上。随后，我们还支了帐篷，下小雨没事，但是下大雨就会漏。

　　在工地上还会有外国人来，每次他们来，就让我们站在高处给人家喊快板，还要吹响子敲鼓去迎接，党员、妇女都要去。外国人来过好几回，没有外国人的时候，我们就在工地上喊慢板。工地上有大喇叭，每次开会都会用大喇叭喊，吃饭上工也会有吹号声。吃饭的时候，大家都排着队，一勺盛不满一碗，一轮完了后面还有人没轮上。早上是红薯饼、红薯水，从来没有见过大米和面条。在工地上，也没有人休息，不敢偷懒，半个月换一次班。当时，在工地上还出过意外，西坡山上下峪口的小女孩去打钎，山上正在崩山，把扶钎人的手和打钎人的脸给崩伤了。

　　1958年后半年参与了大炼钢铁。来了之后也是先搭工房，七天昼夜不停，夜里连续加班。炼钢铁的时候主要是背石头，去王家庄走8里地背石头，两个人替班，一个人拉一个人推，撒完煤后再撒石子。

修渠工地上从不偷懒

1960年正月的时候，大队说："要修渠了，一个队要几个人，18岁以上的，男人不够，妇女补齐。"然后队长去家里通知往郭家屯集合。我们就拿着铺盖、碗、衣服，六个大队集合齐了才走，没有说去多长时间。步行一天没有吃饭，我们也没有带干粮，只是到了姚村喝了一碗杂菜汤。之后我们到了任村，在东坡小庄住了20天左右，也就是盘阳会议之前。在这里挖渠、砌墙，一个人分一段，一直往前移。修完之后我们过了河滩，到了西山。往山西走的路上，会看见修渠的人像黑影上长城一样，黑压压排着队往上走，我们住在了山西省平顺县东庄大队。当时窑洞是用席当门帘，长圆门，窑洞特别高，每个窑洞发一个煤油灯，钉在墙上。刚到的时候啥也没有，我们就坐着墙睡觉，一个窑洞住七八个女孩，把铺地叠成和肩一样宽，一个挨一个，脚对脚。窑洞上面是往山西走的路，过的都是车。

在工地上，没有人不出勤，从不请假。队长、连长都一样，做活、吃饭从来没有搞过特殊化。在工地上，妇女们都戴着方巾，穿个棉袄布衫，在工地上打钎、装老炮、装石灰窑。我们会拿水泥板往三个绿管里面装老炮。装老炮一般都要两三天，推老炮一般也要推好几天，我就装过一个老炮。等到放炮的时候，民兵会拿着枪轰你，让大家有多远跑多远，藏起来的民工，就拿着枪打着快走。打钎的时候，三人一把钎，一个人扶钎，两个人抡锤，轮换着来。吹号人站在北坡西南角，一吹号民工全部下工，跟

▲ 千军万马上太行　魏德忠摄

部队组织一样，都是听号声。

在红旗渠工地上也是吃蒸红薯、红薯饼，男人一般吃四个。中午吃稠饭，盛不到一碗，头一碗吃完从东往西走，第二碗从西往东走。男人一般都吃不饱，就会问工地上的妇女还吃不吃啦，不吃男人就都吃了。当时工地上不够吃，我就和韩常英一起上山，一般上午去，下午回来。去东庄后面一起挖阳桃叶，这种野菜是甜的。

韩常英是六队妇女队长，18岁成为共产党员，性格很直爽，顾大场（局），干啥啥行，跟我们在一起啥都好。平常还经常给工地上的女孩做思想工作，谁要是哭了，就会去安慰："没事啊，修好就回去了。"在工地上，也顾不上开会，平常说得最多的就是"注意安全"，嘱咐大家在危险的地方都要戴着帽子。

在工地上推石头，经常是刚把前面的车推走，后面装满石头的车又来了，没有停过。装石灰窑的时候，石灰窑在渠上面的石沟里，光背石头就会背1~2天。每天吃了饭一听见吹上工号，就赶紧上工，大家也不敢坐。当时工地上所有拉煤的汽马车都停在盘阳，盘阳也算是一个车站。供销社在窑洞边的河滩旁开了一个店，搭了一个帐篷。当时往红旗渠走，大娘给了我5块钱。到了红旗渠工地上，姑父给了我5块钱，让买电灯，但是我没有舍得，买了一个水鞋。供销社旁边开了一个小药店，我买过两回药。大家都不舍得吃药，工地上的民工一头痛，就用土办法放放血。

每天下工回来就去河边洗脚，洗头的很少，大家都蒙头巾。在工地上，队长还会抽两个妇女，放半天假给工人洗半天衣服，第二天再收回去。我也去洗过半天，洗完之后就搭到石头上，再收回来，平常基本上不脱衣服就睡觉了。垒完桥洞我和文军两个人就回来了，那时候已经割完麦子了。

（整理人　程亚文）

杨和昌

"不要忘记修过渠的人"

⊗ 讲 述 人　杨和昌

🕐 时　　间　2021年4月16日

📍 地　　点　林州市横水镇杨伯山屯村

人物简介

　　杨和昌，男，1936年12月出生，林州市横水镇杨伯山屯村人。曾参与过弓上水库和红旗渠修建，因他一心为公、认真负责，在水库和渠上被推荐担任技术员。1958年参与修建弓上水库，担任技术员，负责坝基内侧指导、施工和监督工作。1960年，担任杨伯山屯村小队保管，负责往红旗渠工地上运送菜和粮食。1960年8月到南荒参与红旗渠修建，在渠上担任技术员。

我叫杨和昌，1936年12月出生在横水镇杨伯山屯村。我们这个村子之所以叫杨伯山屯村，是因为我们的老祖先叫杨伯山，他是从山西洪洞老槐树那里迁到河南的，后来人们就在老祖宗杨伯山的名字后加上了屯村二字，就有了现在的杨伯山屯村。

▲ 一扫即见，感受亲历者的原声珍贵讲述

缺水逃荒到山西

我有一个姐姐、一个妹妹、一个弟弟，小时候家里生活条件很差，经常吃不饱肚子。尤其是缺水。那个时候大家吃水都很困难，我们村里打了井，但是不出水，只能跟别村商量，到皇墓村打井，然后我们再步行3里地去担水。我们担水一开始用的是木头桶，井水比较少时我们也会用砂锅。后来老百姓的条件慢慢好起来了，家家户户又陆续买了铁桶。铁桶比木桶轻很多，担起水来也很方便。那时候我们在皇墓村打了两眼井，一天可以出10多担水，远远不够村里百姓使用，遇到旱荒的时候，日子更加难熬。

1942年，我的家乡遭遇蝗灾、旱灾，蝗虫满天飞，遮天蔽日。蝗虫过后，庄稼颗粒无收，人们只好外出逃荒。在我7岁左右，我娘带着我和我的姐妹、弟弟从合涧邶里翻过大山，一路逃荒到了山西。

为了活命，我被家里送给了山西一户人家。我凭借记忆，当天就逃了出来。过一条河时，不小心从桥上跌到河里，被冲了40多米，才扒着石头爬了上来，捡了一条命。

弓上水库工地当技术员

1944年林县解放，我大约在1947年从山西回到杨伯山屯村。1958年，人民公社成立，当时我20多岁。我经历了公社食堂，那时候各家各户都要把粮食集中到食堂，家里不允许留粮食。后来又经历了大炼钢铁，当时我在横水公社炼钢，带了3个20岁左右的年轻人，去烧石灰。我还负责炼钢的配料，一开始是土炉，后来是高炉。

在横水公社干了1个多月后，我被大队调到了合涧去修弓上水库。我到工地上时，正好碰见水库修建坝基。当时修水库要求很严格，所有用料都要过秤。人们干活时秩序井然，大家像蚂蚱串一样，推着胶轮的小推车往水库上推石渣，垫坝基。水库墙包括外墙、内墙，中间填充石头块或石渣，当时称为"三合一"，以保证水库坚固耐用。

我在水库上是技术员，负责坝基内侧施工监督和指导，以保证工程质量。水库坝基内侧设计为10多米宽，使用石片、洋灰和青石垒砌。修水库时各大队分段承包、施工，按照人员计算工作量。我所在大队负责人是张凤山，我们分配到的任务是80米左右。大家在库上干得热火朝天，吃住却很简单。

我们当时吃的主要是萝卜、红薯、馍馍和面汤。萝卜切成片吃，红薯蒸着吃，因为工作量大，很多人吃不饱。但如果谁愿意去西山背筐运物资材料的话，红薯可以随便吃，管饱。但馍馍是限量的，所以大家都争着去西山。我从小饭量不大，不管是在困难时期还是现在吃的都不多，所以在当时没怎么感觉饿。

当时修水库是轮换着来，干一段时间之后要换别人来。但因为我认真负责，负责人张凤山很认可我，尽管公社让我回去，但他一直没有让我走。后来我跟他提了两次，说也需要给别人上水库的机会，他才同意让我回家。我就用铁锨把儿挑着我的铺盖卷往家回。90多里的路程，天黑了之后没有灯，我有点害怕，直到晚上10点左右才到家。

替父修渠到南荒

1960年，我当上了村里的小队保管。有一项工作就是负责供应渠上需要的蔬菜和粮食。村里平时把菜存放在地窖里，家里有很大的地窖，埋了很多萝卜，渠上需要时取出来。当时的菜主要是白萝卜和红萝卜，俺们这里还不兴种白菜。粮食主要是小麦和玉米，粮食不用加工，送到渠上后有专人负责加工。当时各小队一个人负责50斤菜，需要按照人口数凑齐，各队再负责把菜和粮食送到渠上。送过去的粮食和蔬菜，都要先在家里过好秤，做好记录，送到工地上之后再次过秤，核对斤数。我也去送过一次，路上下了大雨，我们同行的人都被淋湿了，包袱里带的干粮馍馍也被雨水泡碎了。

那时候家里人往渠上捎衣服、鞋子的不算多。我印象比较深的是捎玉米粉。我们村有个人叫杨凡金（音），他的饭量比较大，在渠上分到的饭菜不够吃。他娘听说我要去渠上送菜，就找到我说："俺孩儿在渠上吃不好，你帮俺把这些玉米粉捎给他，让他晚上饿了就拿水拌一拌吃。"这些玉米粉是他娘把玉米炒熟之后碾成的，大约有四五斤。

俺爹名叫杨富元（音），有一天，大队里叫俺爹去任村公社南荒（今南丰村）修建红旗渠。当时他已经50多岁了，我当时觉得他年龄大了，怕他到渠上吃不消，就主动提出替他去修渠。按理说，我当时担任保管，需要看家，不用去修渠，但队里知道我家的情况后，同意保留我的保管位置，并由当时的组长代理，等我修渠回来后再继续让我做保管。当时是按照耕地面积确定各队修渠人数，从红旗渠受益的地区必须派人去。男人去修渠，女人在家平整土地，男女分工合作，共同奔向好日子。

1960年8月底，我和同村的杨凡金、杨常礼、栗天意（音）4个人一起往南荒去修渠，我们是步行去的，我用铁锨挑着我的被子，口袋里装了几毛钱。这些就是我去修渠的全部家当。虽然我当时是保管，家里也困难，但我一直严格遵守规定，队里的钱咱一分也不动。大家都是这样想的，也没有说咱是个小官，可以拿公家的钱坐车去渠上。共产党领导咱，就是要咱认真办事、一心为公。当时制度非常严格，我们外出开会，有4毛钱补助，我们用1毛钱买汤、1毛钱买烧饼，剩下的2毛钱带回来再还给公家。就是吃百姓一顿饭，也必须给钱。

到了南荒，我们住在当地百姓家里。我们的连长是张凤山（音），40多岁，是我们大队的队委委员，二把手。我去的时候连队的技术员是栗树意（音），我到了之后接了他的班，由我担任技术员。我所在的连队负责的是南荒东边偏南的地方，U型渠的宽度有七八米左右。南荒的土质是红胶泥，软硬不吃，用工具很难别动，工程难度很大。

不管干什么事，都不能有一点杂质

我在渠上负责分配任务量，也就是分配方量。根据工程的难易程度，由连长分配工作量，必须全力开工才能完成，各个大队的工作量都有界碑。一般来说一人一天的工作量在4方或是4方半，但是挖出来的土方比

较软，1方土挖出来大概有3方，还要把土方运到指定的地方。我拿着一袋石灰，两把尺子，一个软尺一个硬尺，先用尺子量好，再用白石灰框住任务范围。说到这里，有人就会问了，既然有人完不成任务量，那为什么不少分一点？或者晚上加班完成呢？对这两个问题，我简单说下。

关于任务量的分配，我一直坚信，不管什么时候都要坚定立场、认真干活，没

▲ 军民同修渠　魏德忠摄

有规矩不成方圆，不管干什么事都不能有一点儿杂质。当时各连队的任务量都是满满当当的，有人就对我说："和昌，少派点活儿吧，干不完啊！"虽然大家都是老乡，但既然组织上信任，让我当技术员，我就要按规章办事。如果任务量没有完成，晚上不安排加班，因为天黑了之后看不清楚，在当时灯油是比较紧缺的，为了节省，大家都是白天抓紧时间把任务量完成。

到了秋冬季节，大家干活都热火朝天，满头大汗。每个人都穿着背心，两人一组挖土、抬筐，都干完活儿后，再赶紧把衣服披上。当时吃饭是有定量的，早饭和午饭吃干的，因为要有体力干活，晚饭不吃干的。到了吃饭时间，盛饭的人由连队的人轮流担任，防止分饭不均。每次打饭时，我们都眼巴巴地看着，生怕给自己分得少了。在南荒修渠时，每天的

工作都很忙，我们当时跟南荒的村民联系也不多。有时候会开会，连长开会的主要内容是督促按时按量完成任务，也会提醒我们注意施工安全，后期我们挤时间学习毛主席语录。

在渠上除了担任技术员外，我还要做其他工作。当时修渠渠挖得很深，坡度也大，小推车很难推上去，所以用到最多的运输工具就是抬筐。有一天连长张凤山让我去领抬筐，我大概走了10多里地，拿着领取抬筐的批条，上面还有当时副县长马有金的签字，领回了4个抬筐。因为工程量大，抬筐供应比较紧张，所以要求节约，不能用的旧抬筐要放回指定地点，上面的绳子要解下来用在新筐上。

1960年年底，我从渠上回到了村里。二干渠正好从我们村边经过，把我们村围了一个圈。前几年，我和我大儿子去了红旗渠一干渠上，在那里看了1个多小时，一干渠比二干渠宽2倍左右，但二干渠所用的白灰、混凝土和卵石质量比一干渠好，非常牢固。

红旗渠通水后，我们吃上了红旗渠水，再也不用到皇墓去打水了，村里蓄住渠水，生产生活用水得到了保证，粮食产量也翻了好几番。以前我们村主要是种谷子，产量只有每亩地二三百斤。通了渠水之后，我们开始大面积种植玉米，每亩产量可达一千二三百斤。小麦也高产了，以前最多每亩地四五百斤，现在可达1000多斤。而且村里还种上了水稻，灌溉着红旗渠水，水稻的收成还不赖，我们村春稻、秋稻都种过，春稻农历六月成熟，产量比秋稻高一些。

我们的日子越过越好了，希望大家不要忘记我们这些当初修过渠的老人，我们就知足了。

（整理人　郝淑静）

石焕竹

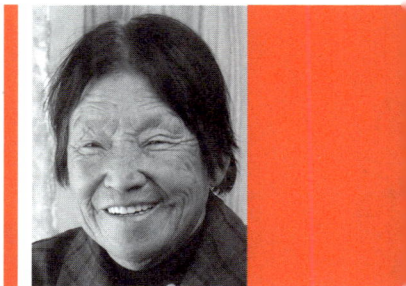

"16虚岁就上了修渠工地"

⊗ 讲 述 人　石焕竹

🕐 时　　间　2021年4月19日

📍 地　　点　林州市石板岩镇西乡坪村

人物简介

　　石焕竹，女，1945年8月出生，林州市石板岩镇西乡坪村人。1960年正月十六，虚岁只有16的石焕竹跟村上的群众一起背着铺盖、带着衣服、拿着干粮，步行一天来到修渠工地，开始在工地上抬筐，背钎到铁匠炉捻钎，后跟别人学习打钎，学会后就一直打钎。在工地上七八个月，工地裁撤人员时，因年龄小，就回到了村上。后来跟村上送粮食的人，赶着一头驴、一头骡，往工地上送粮食、菜，回来时一个人赶着两头牲口回来。

我娘家是石板岩镇西乡坪村黑龙洞沟自然村
的，有两个弟弟一个妹妹，家里条件不好，人口
多，我又是老大，整天在家放驴。10岁才到村里
的学校上小学，上到了三年级就不去上了，因为
爹娘要去地里干活，我也要在家看弟弟妹妹，就
上不成学。当时老师来家里找我，也派同学来家
里找我，让我再去上学，就又去上了几天，但我
觉得家里困难，我是老大，要帮家里干活，就又不去上了。我有时候在家
看弟妹，有时去食堂干些小活。

▲ 一扫即见，感受亲
历者的原声珍贵讲述

小小年纪去修渠

我们大队有10个小队。1960年刚过完农历年，我虚岁16岁，瞧着大
队里说要人去修渠，我就想着去修渠挣个工。当时我堂哥石长魁（音）是
队长，我就去问他，让不让我去，他说可以去。我们三个女的，有一个我
叫嫂子的郭金妞（音），还有个和我同岁的小姑娘陈换连（音），我们仨
和大家一起去了。

去时说让各自取铺盖、衣服，当时条件不好，也没啥衣服，就穿了一
身棉衣。去的那天是正月十六，食堂早早地做了饭，还给每个人烙了一个
小饼，让中午当干粮吃。那时只觉得修渠就是去挖沟，其实到那里发现修
渠也不是那么简单的事。

背着铺盖步行往工地走，走到吃针岭就累得走不动坐下了，心里还后悔，
也着急，也饿，就吃了一块带的小饼，歇了会儿接着走。走到半下午时到了

山尖，大人们说还远着了，就想这能走得到吗，下山就不早了，腿也疼，但也得接着走。有人说不中住一晚上再走吧，但队长说不行，晚上工地还给我们做着饭了。大家就坚持走到了工地。到那过河上的桥，一走还晃，晚上吃的蒸黄疙瘩，一人两个，我们小孩够吃。领导说我们："小妞们，你们去歇着吧，走了一天了。"领导让我们女的住在一个老婆婆家。大家觉得我们三个女的年龄小，照顾我们，我们三个挤在老婆婆家的一个炕上睡，其他的女工都在地上打地铺睡。老婆婆人很好，我们要是找什么东西就赶紧帮我们找，伙房没有热水，问老婆婆，老婆婆总是说有，她说："就是给你们灌的热水。"

让咱干啥就干啥

第二天早上早早起来，吃了饭，我们就背着镢头去了工地。在工地上，领导让咱干啥就干啥。开始是男人们在前面管刨，我们在后面管撩渣土。后来工地上用的钢钎，用钝了的要到铁匠那去捻钎。有个铁匠就对我说："你小孩家去捻钎吧。"我就去了。工地在崖跟，捻钎的地方在漳河边的平台上，离得比较远，我一次背两根，从工地背到河滩的铁匠炉那。铁匠捻好了，晾凉了，就再背两根好的送回工地。当时工地上有十来班打钎的，我背着捻好的钎到了工地，大家都想用刚捻好的钎，我还没有放到地上就都来我肩上抢着拿。有一次大家拿得急了，钎就磕到了我的脚后跟，破了个口子，领导知道了，就嚷了大家一顿。

我受了伤，坐了两天，有一天我在那坐着，望着漳河，公社的领导申金明（音）看到我，就和我说："你是在想家了吧。"本来就想家，他一说我，我就哭了，他一看就赶紧让我进屋里来，安慰我不要哭。

我的脚好得差不多了，就又到了工地上干活，后来我看人家都打钎，就想去学。跟别人学，先看人家怎么打，开始慢着点打，熟了就会了，我学了一下午就会了。后来我就整天坐在崖台上打钎，一直打了几个月。

条件艰苦干劲大

在工地上修渠时生活条件比较艰苦，早上喝稀饭，一个人吃两个黄疙瘩，中午吃小米稠饭，晚上还是吃黄疙瘩配稀饭。饭尽喝，谁要是不够吃就多喝一碗饭。当时粮食不够吃，就捋了杏叶，用水煮软了，拌在红薯中吃，再加上喝稀饭，有许多人不会吃得十分饱。

我不会做针线活，我20多岁的嫂子一直帮我做。天热了，我娘给我捎了一块花布、一块黑布，嫂子剪裁了一下，给我缝了一身衣服。在那里我也没有替换衣服，我们一起干活的一个姑娘，身高和我差不多，替洗衣服时我就穿人家的衣服，她走的时候还送给我一身半旧的衣服。后来嫂子教我针线活，教我怎么缭缝，我缝得不好。上工时路过河，就把衣服洗了，我取了一块黄胰子，搓一下领口、袖口，洗好晒在河边，下工时再拿回去。在那里轻易也不洗头，工地发个柳帽戴着，早上路过河时洗把脸。去时我除了穿的鞋还带了一双。后来家里又给我捎了一双。我后来主要是打钎，坐着、站着时间长，跑走得少，不费鞋。

虽然工地上生活条件苦一些，但大家干活不打折扣。为了赶工期，有时晚上要加班，用杠子抬筐，我们小孩一次抬半筐，一晚上抬5遭，听到吹号就下工。从家往渠上步行走得太累了心里还后悔，其实到工地后，干活的人很多，感到不后悔，干得还有劲了。

干活不能浮皮潦草

在工地上也经常开会，两三天就开一次，让大家不管是打钎、别石头、垒岸，出门在外，要特别注意安全。在工地也听说李改云、城关公社出了事故，领导就更强调安全了。

记得当时中学有一个女生，放暑假时在工地当宣传员，宣传干活先进的人和事。工地上有保健员，挎着药箱子来回走，谁要是有个磕碰，就给包一下。当时去工地干活也没带过水，背上家具①就走，中午回来吃完饭也不歇，就又往工地走了，晚上一般也没什么活动，回来就是睡觉。

打钎时，有的石头好打一些，有的石头不好打，我们是三个女的一班打钎，当时我和赵梅竹、桑娇英（音）一班，她们俩现在都不在了。打钎时间长了，也没手套，手上崩裂口，就缠上胶布。我到那一块钱买了一个垫肩围着，是白帆布做的。上工去得早了，还卷起裤腿去漳河里耍一会儿。有一次拾了一把杏，杏也不好吃，就吃了杏仁，领导知道了，吵了我们一顿，说："你们可是胡玄了，这可会药死人的。"说我

▲　为红旗渠精心填泥缝的姑娘们　魏德忠摄

---

① 林州方言，泛指工具。

们小孩子在家靠父母，在这得靠干部。记得那时河上有米把宽的桥，我们小孩子一下工就都跑了，后面的大人负责点炮，山上有石头垒的小屋，炮手点了炮就躲在里面。

晚上抬石头、抬沙，筐子会漏，就找个纸或其他东西垫着，可不能让漏了，要是漏了工地上用什么。那时都想着这么多人修渠，都要风格高，要正经干，不能浮皮潦草，抬筐很沉，但都是能抬多少抬多少，尽量多抬，有时晚上还加两个来小时的班，回来再睡。

修渠就是作贡献

我父亲也去修过渠，他比我晚一个月去的，父亲是石匠，在工地上垒大岸，当时在渠上父女、父子的也不少，还有的一家三口都在工地上。

后来工地移到河口，大家住在河滩上，自己搭了席棚住，我在那里住了两天就回去了。后来我去往工地送菜，又在那里住了一宿。在席棚住条件不好，潮湿，但附近没有村。再后来移到了卢家拐，那时我父亲还在工地修渠，天冷了，家里让我去给他送了一身棉衣，步行去，当时他们就住在了房子里，比河口要好一些。

当时在工地听大人说杨贵书记领导修红旗渠，大家都说只要有干劲，就一定能修成。我们是石板岩的，其实渠修好了水也通不到石板岩，但我觉得都是林县的事，林县人就要大家一齐修，修渠就是作贡献。

（整理人　郭玉凤）

申岐山

"党员就得有党员的样子"

讲述人 申岐山

时　间 2021年4月20日

地　点 林州市姚村镇邢家墁村元家庄自然村

人物简介

　　申岐山，男，1937年3月出生，林州市姚村镇邢家墁村元家庄自然村人，中共党员。他曾经参加了南谷洞水库、红旗渠的修建。在工地上时刻以党员标准要求自己，发挥了党员模范作用。18岁时在南谷洞水库工地上度过了大年夜，之后直接到了红旗渠工地王家庄段。

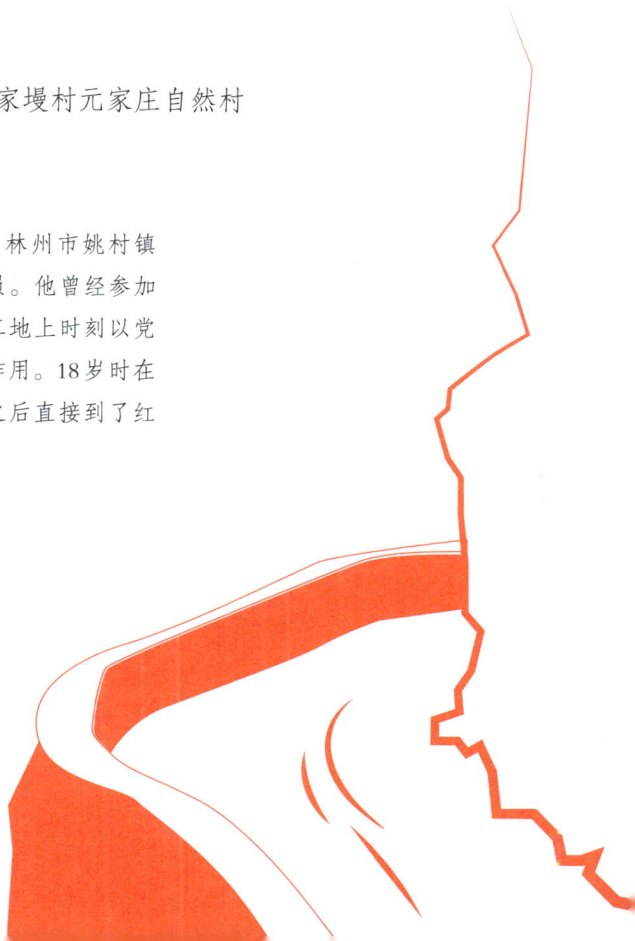

生活没有了退路

我叫申岐山，今年85岁，家住林县（今林州市）姚村镇邢家墁村。我1958年入的党，也算一名老党员了。

小时候家里条件不好，吃了很多苦。本来家里兄妹四人，我排行老三，但是由于当时粮食紧缺，不够吃，我的二哥在10岁时饿死了。我的小妹妹5岁时，家里除了有点红萝卜实在是没有其他吃的了。可她不怎么喜欢吃红萝卜，俺爹娘叫她吃，她咋也不吃，也不知道那时候是不是生病难受得吃不下去，还是真的不想吃，后来她就病得起不来了。没有及时治疗，那时候看病也没啥好条件，所以最后还是饿死了。连着去世了两个孩子，我的爹娘难以承受，也跟着生病了，这让我们的生活雪上加霜。我当时经常哭，没有了二哥、小妹，爹娘生病，只有我和我大哥，我还小，就整天哭，觉得这往后的日子可咋过。

更悲惨的是，后来日本人把我们家的房子给烧了，家里烧得一干二净，生活没有了一点退路。无奈之下，爹娘让我和奶奶一起到山西去逃荒。那时候的我才刚刚7岁，骑着一头驴跟着奶奶从鲁班豁往山西方向去。我的一个叔叔在山西那边当工人，我和奶奶想去投奔他。我们出发时也没有带什么吃的，一直赶路，饿得实在受不了我就哭了起来，奶奶就劝我让我再忍忍坚持坚持。那时候真是感觉生活走到了山穷水尽，每天都在为吃的发愁。现在的生活真是太幸福了，很难想象以前的那种困难，真是每天都是在死亡线上挣扎。

在我12岁时，我们家里已经解放了。我有幸上了四年学，那时候只有小学和高小，我上完小学四年级就不上了。因为家里的条件艰苦，爹娘决定让我早点参加劳动来补贴家用。但是我心里还是很想继续上学

的，我那时候学习还是不错的。老师也希望我能继续上学，也来家里给我爹娘说了几次。但是我爹娘态度很坚决，我也就放弃了继续上学的念头。

修渠岁月记忆犹新

18岁时我到了南谷洞水库工地上。我当时是负责抬夯的工作，在工地附近的村庄里住，因为当时粮食紧缺没啥吃，所以就抽了一部分人去挖野菜。我记得很清楚，当时挖了好多红薯秧子，把根儿清洗干净后，就把叶子和根剁碎，做成馍。那时候觉得真是人间美味，能吃到这么好的东西是最幸福的事。我在南谷洞水库工地上一直待到了来年的5月，那年过年也是在南谷洞水库工地上过的，过年时还是很想家人的。但是谁不想家啊，其他工友都能克服的困难为什么自己不能克服呢？

后来到红旗渠工地上的山西省王家庄段，从南谷洞往红旗渠工地上走时，我就只带了四个馍，想着在路上实在饿得不行了吃一点。那时候也是饱受缺水之苦，所以对修建红旗渠是发自内心的支持，也想着尽自己最大努力去干活，早点能让林县的老百姓们吃上红旗渠的水。

修渠的那段时间里，我认识了很多工友，修建完红旗渠后我们也还没间断联系。秋天山里柿树上结柿子了，我就和工友们一起去够柿子吃，那时候觉得柿子特别甜，虽然干了一天的活，（但是）能吃上一个甜柿子也是非常满足的。晚上和工友们一起睡过地铺、大通铺。虽然那时候条件艰苦，但每天下工后和工友们聊聊天，听听他们讲讲自己家里的情况，讲讲有趣的事，就觉得时间过得也是挺快的。

党员就得带头干

不论是在南谷洞工地上还是（在）红旗渠修建时，我（都）时刻记着自己是一名共产党员。那时候工地上并没有那么多的党员，在感觉自豪的同时对我来说也是一种责任。党员就得有党员的样子，要起到模范带头作用，所以不论分配的活再辛苦我都没有任何怨言。在红旗渠工地上时，下工后大家都要休息了，有时候我就去值班看守，能出一份力就出一份力。

后来，组织安排我在工地上做了一年的大锅饭。做饭那一年，我也是尽力改善大家的生活，不断地更换饭的种类。但那时候总归是啥也没有，只能就地取材。我几乎每天都去山上挖野菜，只要能吃的野菜都挖回来，给工友们蒸着吃、煮着吃、剁碎拌到稀饭里吃。有时候菜不够吃了，我就喝点大家剩下的稀汤水充饥。那时候想着大家都是要在工地上干硬活的，不能饿着了，必须得吃饱才有力气干活。在工地上的那段时间，我从没有想过偷懒、多吃多占，时刻以党员的标准要求自己。

在红旗渠工地河口段时，我做了一段时间的除险队长。我觉得领导让我当除险队长是出于对我的信任，我不怕苦不怕累，什么脏的累的活都抢着干。当除险队长的那段时间，最危险的地方都是我自己去，我是队长，不能光想着自己，让别人去冒险。那时住的条件特别艰苦，我们就住在那边山上的一个庙里面，多么苦可想而知。每天按照领导安排，我给我们队里的工友分好工。前一天晚上我就需要提前想好，有的人年轻，有的上点年纪，根据每个人的能力大小分工。

我们在工地上也经常学习优秀党员的事迹，这对大家的影响还是非常大的。我们每个人心中都有了学习的榜样，想想人家比比咱，有什么苦、怕什么难，别人能做到的为什么自己做不到。既然党组织相信你，就不能

▲　工地学习　*魏德忠摄*

辜负党的信任，就要有个党员的样子，起到一个党员的作用，不能混日子。即使后来（我）从红旗渠工地上回家了，也时常记得自己是共产党员。在我看来，不论在哪，不论干什么工作，最重要的就是要有自觉性。如果不是当时大家都讲自觉，红旗渠也不会修成。大家的思想觉悟高，都能严格要求自己，尤其是党员，更要起到带头作用，要给工友们作表率。有时候给孩子们讲起红旗渠上发生的事，他们也好奇当时是怎么修成这条渠的。我教育他们要讲自觉，不管是学习还是做其他工作，都应该如此。

　　跟修渠那时候比起来，我们现在的生活条件太好了。现在和村里的老人聊天说起以前，每一件事都记得很清楚。林县因为修建红旗渠变了模样，红旗渠的修建不仅给我们解决了吃水难的问题，还给我们带来了好多其他好处。即使现在发展好了，我们也不能忘记那些为红旗渠出过力的人，有的人在修建红旗渠时没了命，有的人受了伤，他们是林县人的功臣，我们辈辈都要记住他们。

（整理人　张　坤）

栗金和

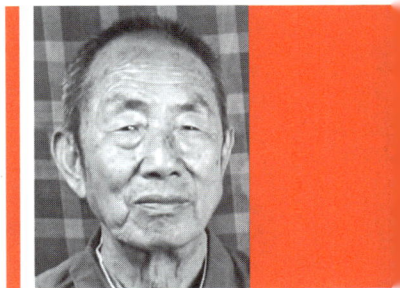

"软磨硬泡也要去修渠"

⊗ 讲 述 人　栗金和

⊙ 时　　间　2021 年 5 月 19 日

⊚ 地　　点　林州市河顺镇栗家沟村

人物简介

　　栗金和，男，1940 年 9 月出生，林州市河顺镇栗家沟村人。上过几年小学后，就在村里负责赶大车、民兵等工作。因为负责村里民兵队训练工作，大队不让他参加红旗渠的修建。在软磨硬泡下，他才走上了红旗渠工地，在阳耳庄工地上担任副连长。他一开始负责担石灰、打炮，后来到南谷洞参与加高坝基的工作，负责推土、吹号。

去工地送萝卜

小时候俺爹在武安、柳泉当长工，家里没有劳力，我们曾经逃过荒要过饭。俺家里孩子多，姊妹5个，我排行老二。8岁之后上了4年小学，15岁时在队里担水，后来负责赶车，也参加了民兵组织。民兵学习之余就赶大车去割草、沤粪等。当时大队支书是王广成，非常重视积粪。

▲ 一条扁担当后勤　*魏德忠摄*

1960年，引漳入林工程开始修建之后，我积极要求去修渠，但是一直不让我去。1962年时，有一个机会去为修渠工地送菜，我就主动要求去。当时我赶车拉着红萝卜和白萝卜往工地上走，沿途路过别的公社、大队工地时，一直有人从上面拿红萝卜来吃，我赶紧拿苫布盖上。即使这样还是有人趁我不注意掀开苫布就拿萝卜来吃。我知道大家修渠条件苦得很、饿

得很，也能理解。你看现在大家都吃得很饱，好吃的东西尽管放在路边都不会有人偷偷拿了。

软磨硬泡去修渠

因为我是民兵排长，所以尽管我非常想去修渠，但是大队硬是不让去。我内心深处一直认为修渠是全县人民的一件大事，参与修渠是一种光荣，就一直软磨硬泡要求去修渠。实在拗不过我，在1964年2月，大队终于同意我去修渠了。当时来到的是河顺公社负责的阳耳庄工地。我大队工地上王浩智是连长，让我当副连长。当时连长、副连长都得实际干活，到阳耳庄后就给我发了一副垫肩，我除了组织大家之外主要负责担石灰。三四天后，工地上找炮手，我就报名去当炮手，总之需要啥咱就干啥。当时总指挥部专门有安全员教学，第一天在朝山甲教学，后两天在营部。怎么装药、怎么打捻、怎么装引线、怎么点炮、怎么排除故障，都教得很仔细。比如说，排除故障，落捻①了以后不准掏炮，必须从旁边重新打炮眼装药点炮。当时所有炮捻都是1.5米长，三四里地长的渠线统一一次点炮，点到一半多后第一门炮才会响，这也是为了保证安全。点了20多天炮以后，让我去南谷洞参加加高坝基的工作。

在南谷洞工地，带着我们干活的营长是郭正彪，他是公社副社长。河顺公社去了200多人，我们大队去了七八个。住在甚子沟，住宿区分成三片，我们在最下边那一片，都是窝棚。大家合用一个食堂，食堂就在最下

---

① 落捻，方言，就是捻线脱落的意思。

边。我刚上南谷洞工地时负责推土，一车定重是300斤。因为我年轻力壮，我能推350斤，一天能推九趟十趟，来回4公里，带小推车过秤，每天有定额，专门有人算斤数，推够了就可以提前休息。后来吹号的人犯了错误，由于没有人能够吹响铜号，而我组织民兵学习时吹过号，虽然就会最简单的号声：滴-嗒-滴这种，最后还是安排我负责吹号了。刚开始时把握不准时间，曾经一晚上不睡觉看着钟，生怕耽误了时间。吹号吹了一段时间后，时间上就把握得比较好了，晚上也能睡着了。

吹号之余我就在伙房帮忙，那个时候生活比刚开始的时候好了很多，早上能吃上小米干饭了，中午隔两三天能吃一次馍，一个馍是8两面。司务长是申村人，早上是每人一张饭票，每个人拿着饭票去打1次饭，饭票上一般主要是今天吃啥和司务长盖章，每顿饭饭票都是不同的样子。发饭票也是为了规矩，防止有的人吃饭快去吃两次，有的人吃不上一次。如果有剩余的话，饭量大不够吃的那些人可以等大家都吃完了再去盛一次，不过一般司务长把握的量都很好，也不会有什么剩余或者剩余很少。晚上不用票，因为晚上没有什么干的饭，只有稀饭或者稀汤，这个是尽喝，没有限制的。

在伙房帮忙时，印象最深刻的一件事情是那年五一，总指挥部分油，我们公社安排我跟郎垒村的郭全昌去担了四桶，棉清油，每个里面大概多半桶的样子，让每个公社炸油条。炸油条就是改善生活吃好的了，一些人不舍得吃，拿报纸包上揣在怀里，走几里路十几里路带回去给家里人吃。

在南谷洞待到农历五月，就回家收麦子了。后来总干渠就修好了。因为我们村是直接用二干渠的水，所以后续也不用再修到村的支渠，也就没有再上过红旗渠工地。

1964年冬天结婚后，我就去太原当临时工了，干采购，骑自行车跑遍

了太原，是三级劳工，一个月48元工资、48斤粮，干了3年。1967年到了山西交城，那边非常冷，7月就上冻了，每月300块工资，往大队交20块钱，剩下的都是自己的。后来经熟人介绍，到了县城的康泰职业有限公司上班，2002年退休，有退休金。

修红旗渠是我人生中永远难忘的一段经历。

（整理人　李　戬）

红旗渠修建大事记

▲ 巾帼不让须眉　魏德忠 摄

1959年

- 6月11日，中共林县县委书记处召开会议，分为三个调查组，赴林县境外考察新水源。

10月10日夜，由杨贵主持，中共林县县委举行全体（扩大）会议，对兴建引漳入林灌溉工程作了专门研究。

10月29日，中共林县县委举行全体（扩大）会议，研究兴建引漳入林工程。

10月至11月，林县水利工程技术人员对引漳入林灌溉工程进行选线测量。

11月6日，中共林县县委向中共新乡地委、河南省委呈送《关于引漳入林工程施工的请示报告》，要求兴建引漳入林灌溉工程。

11月6日，共青团中央第一书记胡耀邦在林县视察了英雄渠、要街水库等，对林县人民靠双手苦干，改变山区面貌表示赞赏。

12月23日，新乡专区水利建设指挥部向林县水利建设指挥部发出通知，同意兴建引漳入林工程。

▲ 河口总干渠　魏德忠 摄

1960年

1月16日，林县人民委员会向新乡专员公署和河南省人民委员会报送《关于兴建引漳入林工程请示报告》。

1月24日，杨贵给中共河南省委书记处书记史向生写信，请省委帮助给山西省去函，协商从山西省平顺县境内兴建引漳入林工程。

1月27日，中共河南省委向中共山西省委致函，阐述林县缺水情况和引水灌溉工程施工计划，向山西省委协商，要求解决从山西省平顺县引漳入林问题。

同时，中共河南省委书记处书记史向生和省委秘书长戴苏理，向中共山西省委第一书记陶鲁笳和书记处书记王谦致函，协商从山西省平顺县兴建引漳入林灌溉工作问题。

1月31日（农历正月初四），杨贵和县委几位负责人，带领县直机关有关单位负责人及各公社领导干部，和弓上水库、南谷洞水库部分很棒的工队长，约百余人到天桥断牛岭山，面对漳河进行"引漳入林"现场动员。

2月1日，中共山西省委第一书记陶鲁笳主持召开会议，研究如何解决林县从山西省平顺县引水问题。2月3日，中共山西省委书记处书记王谦、山西省副省长刘开基给史向生、戴苏理复信，同意林县引漳入林工程从平顺县侯壁断下引水。

273

▲ 王家庄工段工地　河南红旗渠干部学院供图

2月6日，中共河南省委书记处办公室，就引漳入林一事给杨贵来函，并转来2月3日王谦、刘开基就引漳入林工程给史向生、戴苏理的复信，表示同意林县兴建引漳入林工程，建议从侯壁断下引水，按此设计。

2月7日至8日，由县委书记处书记李运保主持，在盘阳村召开引漳入林筹备会议。

2月10日晚，县委召开全县引漳入林广播誓师大会。李运保向全县人民发出《引漳入林动员令》。

2月11日，林县引漳入林灌溉工程开工，到15日止，出动民工37100人。

3月1日，林县引漳入林总指挥部编印了《林县引漳入林灌溉工程扩大初步设计书》。

3月6日至7日，中共林县引漳入林委员会全体（扩大）会议在盘阳村举行。杨贵作了报告，并提议将引漳入林工程命名为"红旗渠"，决定采取集中力量，打歼灭战，分段突击的施工办法。

3月10日，林县引漳入林总指挥部在盘阳村召开引漳入林工程全线民工代表会议，贯彻集中力量，打歼灭战，分段突击施工办法；代表们一致同意杨贵的提议，将引漳入林工程命名为"红旗渠"。

▲ 南谷洞水库　魏德忠摄

3月13日，红旗渠总指挥部由任村公社盘阳村移师山西省平顺县王家庄村对面浊漳河北岸的山坡上。

3月28日，吴祖太、李茂德在王家庄安全洞检查塌方时遇难。

4月28日，中央新闻纪录电影制片厂导演、编辑郝玉生和赵华、陈中义、韩浩然、巴忠然、方记等来到红旗渠工地，开拍《红旗渠》新闻纪录片。

5月1日，红旗渠渠首拦河坝、王家庄安全洞和林英渡槽同时竣工。

6月12日上午9时，城关公社分指挥在红旗渠险段合堆寺工地施工时，因山石塌方，槐树池大队9名民工献身，3名民工受伤。

9月18日，红旗渠工地鸽鹑崖大会战开始。

9月18日，红旗渠总指挥部移师林县境内的天桥断南岸。

10月1日，林县红旗渠总干渠第一期工程（渠首至河口）竣工，浊漳河水流入林县境内。

10月17日，红旗渠总干渠第二期工程（河口至木家庄段）开工。1961年9月30日竣工。

275

▲ 杨贵在施工现场　魏德忠摄

11月23日，林县红旗渠总指挥部召开工地干部会议。工地党委书记、副指挥王才书传达了中共河南省委、新乡地委和林县县委关于实行百日休整，保人保畜的会议精神。鉴于自然灾害严重，群众生活遇到暂时困难，按照县委指示，红旗渠工地除留一部分精干民工继续开凿青年洞和保护渠道外，其余民工于本月底全部返回生产队休整。

1961年

2月，中共河南省委书记处书记史向生到红旗渠工地视察，入青年洞慰问民工。

6月7日，在林县第三届人民代表大会第二次会议上，通过加速红旗渠建设的决议。

7月初，新乡豫北宾馆会议上，修建红旗渠被受到错误批判，县委常委、组织部长路加林被撤职。林县县委经受严重政治考验。

7月15日，红旗渠总干渠青年洞竣工。

9月8日，中共河南省委书记处书记杨蔚屏到红旗渠工地视察，对林县修红旗渠给予支持。

9月21日，杨贵在省里开会期间，省委第一书记刘建勋找他谈工作，积极支援红旗渠的修建。

276

▲ 工地宣传队　魏德忠摄

10月1日，红旗渠总干渠第三期工程（南谷洞至坟头岭段）开工1962年10月15日竣工。

10月9日，红旗渠总指挥部移师任村西边的回山角。

1962年

2月28日，中共河南省委第二书记吴芝圃、省委书记处书记史向生等到红旗渠工地视察。

8月15日，在山西省平顺县石城公社、王家庄公社召开林、平两县双方代表会议，签定了《林县、平顺两县双方商讨确定红旗渠工程使用权的协议书》。

10月20日，红旗渠总干渠第四期工程（木家庄至至南谷洞段）开工。

是年，县委作出《关于管好储备粮的决议》。

1963年

1月20日，红旗渠总干渠渠尾的分水岭隧洞竣工。

2月，县委四级干部会议，副书记秦志华部署红旗渠施工工作。

4月，河南省水利厅、安阳专署水利局和林县水利局成联合勘测组，对红旗渠现场勘测，提出技术鉴定意见。

5月10日，林县人民委员会制定《关于保护红旗渠的十项规定》。

277

▲ 开凿曙光洞　魏德忠摄

6月，河南省水利厅勘测设计院编报了《红旗渠总干渠地质报告》。河南省水利厅勘测设计院、安阳专署水利局和林县水利局联合勘测组，向省水利厅报送了《河南省引漳入林红旗渠灌溉工程查勘报告》，并由省水利厅勘测设计院驻林县设计组组长李国堤到水电部作了汇报。

10月，红旗渠总指挥部移师姚村公社坟头村。

11月15日，上级调查组来林县调查"一平二调退赔款"使用问题，在林县引起一场风波。

12月25日，水电部作了《关于引漳入林灌溉工程建设任务书的批复》，经国家计委托水电部批准续建该工程，并指定引漳入林灌溉工程的设计由河南省计委审批，报水电部备案。从此，红旗渠工程正式纳入国家基本建设项目。

是年，县人民委员会成立劳力管理组，组织建筑队外出承揽工程，收取管理费，补充修建红旗渠资金不足。

1964年

6月20日，红旗渠白家庄空心坝竣工。

10月30日，总干渠第四期工程（木家庄－南谷洞）竣工。

11月6日，县委副书记李运保在县三级干部会议上部署三条干渠施工工作。

278

▲ 盛大的节日 1965年4月5日，红旗渠总干渠通水典礼。
魏德忠摄

1965年

12月1日，红旗渠总干渠全线开通。31日，总干渠全线首次放水成功。

4月，总指挥部移师二干渠畔姚村公社焦家屯村。

4月5日，县委、县人委在分水岭召开庆祝红旗渠总干渠通水典礼大会，安阳地委第一书记崔光华到会剪彩。这是林县水利史上划时代的日子。

4月6日，中共河南省委第一书记刘建勋到红旗渠视察通水情况。7日，在林县贫下中农代表会议上讲话，赞扬林县人民靠自力更生、艰苦奋斗精神建成红旗渠。

4月18日，《河南日报》发表有关红旗渠通水消息，并发表《贺红旗渠通水》的社论。

7月21日，中共林县第三届代表大会确定每年4月5日为红旗渠通水纪念日。

8月21日，成立红旗渠管理所（设在分水岭）。1966年3月19日，改名为红旗渠管理处。

9月，三条干渠建设全面铺开。总指挥部移师一干渠畔的城关公社桑园大队。

279

▲ 愚公移山　魏德忠 摄

9月26日，县委第一书记杨贵等到红旗渠一干渠工地调查研究，根据群众意见一干渠断面设计由梯形改为矩形。

10月初，国务院总理周恩来到北京农展馆观看了《林县人民重新安排林县河山》的展览，给予很高评价，指示说："林县要有模型，要加强宣传"。

12月18日，《人民日报》发表《党的领导无所不在—记河南林县人民在党的领导下重新安排林县河山的斗争》的文章，并配发了社论。说：……林县也有一个马克思列宁主义的领导核心。"

是年，林县被党中央、国务院列入全国大寨式先进县。

1966年

1月15日，《河南日报》发表《县委革命化的根本途径》的社论，称中共林县县委是"毛泽东思想武装起来的马克思列宁主义的领导核心"。"林县是建设社会主义新山区的一面红旗。"

2月，中央抗旱工作会议上，国务院总理周恩来指示，要很好总结林县红旗渠建设经验。

3月30日，林县庆祝红旗渠竣工通水典礼大会筹委会成立，杨贵任主任，李贵、李运保、秦志华、李英武任副主任。

4月1日，一干渠桃园渡槽竣工。

▲ 炸山取石　魏德忠摄

4月5日，二干渠夺丰槽、三干渠曙光洞竣工。一、二、三干渠全面竣工。

4月17日，县委、县人委召开"林县红旗渠建设英模大会"，隆重表彰建设红旗渠模范单位和个人。

4月20日，中共林县县委召开庆祝红旗渠一、二三干渠竣工通水典礼大会，河南省省长文敏生到会剪彩。

4月22日，《人民日报》发表了《人民群众有无限的创造力》的社论，祝贺河南省林县人民修建红旗渠的伟大胜利。《河南日报》发表了《改天换地斗争的伟大胜利》的社论，向英雄的林县人民表示祝贺。

5月5日，县委召开支、斗配套誓师大会（即红旗渠灌区第一届代表大会），到会干部1500余人。杨贵对全县以红旗渠为主的水利配套工作作了全面部署。通过了《红旗渠灌溉管理暂行办法（草案）》。

5月6日，《河南日报》发表社论《学林县、赶林县、超林县》，称"中共林县县委是马克思列宁主义的领导核心，是坚强有力的战斗司令部。"

5月15日，红旗渠总指挥部移师城关公社平房庄，组织和领导红旗渠支渠配套工程建设。

281

7月至8月，林县人民在完成红旗渠一、二、三干渠的基础上，支渠配套全面展开。

9月21日，“文化大革命”的灾难降到林县人民头上，林县乱了，红旗渠遭受严重诬蔑，工程建设受冲击。

1967年 是年，红旗渠工程配套建设受到“文化大革命”的严重冲击。

1968年 4月，林县革命委员会成立，以支渠配套为中心的水利建设转入正常轨道。

5月，红旗渠分水岭电站建成发电，输入邯郸—峰峰—安阳电网。

7月，国务院总理周恩来在外事谈话中指示：“第三世界国家朋友来访，要让他们多看看红旗渠是如何发扬自力更生、艰苦奋斗精神的。”

10月，县水土保持局与红旗渠管理处合并，成立林县水利服务站，统管红旗渠暨全县水利工作。1971年3月撤销水利服务站，分设水利局和红旗渠管理处。

10月，林县革命委员会主任杨贵等领导到山西省平顺县慰问，和全国劳模、平顺县县委书记李顺达，全国劳模申纪兰等热情座谈，合影留念。

10月25日，县革委召开全县水利配套会议。全县形成声势浩大的红旗渠支渠配套工程建设高潮。

▲ 千军万马上太行　魏德忠摄

▲ 一条扁担当后勤　魏德忠摄

1969年

6月，北京水利水电学院（现华北水利水电学院）教育革命小分队36名师生来林县参加社会实践，帮助东岗公社进行红旗渠三干渠曙光扬水站、曙光水库勘察设计工作。举办电工、水泵培养水电管理人才。11月，该学院"战备搬迁"，64、65级学生493人和部分教师疏散林县，驻东岗万宝、河顺郎垒、合涧木篆等地，参加红旗渠、南谷洞、弓上水库、临淇电站、东岗南天门电站等工程勘察设计施工工作，受到林县人民欢迎和尊敬，结下深厚的友情。

7月6日，中共林县县委、县革委举行庆祝红旗渠水利工程全面竣工大会，河南省、安阳地区党政领导到会祝贺。

7月8日，《河南日报》发表《规模宏伟的林县红旗渠工程全面竣工》的文章。

7月9日，《人民日报》发表《林县人民十年艰苦奋斗　红旗渠工程已全部建成》的文章。

9月，中共林县县委又受到政治冲击，被诬为"穿新鞋走老路"，"不突出政治，搞唯生产力论"。县委班子被调整。

12月9日，《河南日报》发表《林县人民掀起以水利建设为中心的全面跃进新高潮》，介绍林县人民深翻平整土地及农田水利配套建设情况。

——《红旗渠志》（林州市红旗渠志编纂委员会，生活·读书·新知三联书店1995年版）

后　记

　　奇迹的诞生，往往孕育着伟大精神。红旗渠是镌刻在太行山上的"水长城"，红旗渠精神是林州人民用汗水和生命铸就的永恒丰碑。河南红旗渠干部学院高度重视挖掘红旗渠修渠人口述历史，专门成立修渠人口述历史项目专班，由学院红旗渠精神研究中心、信息技术部等部门成员组成，分工协作，全面开展采访、整理、编辑等工作，力求通过修渠人口述，以文字的力量镌刻下那段难忘的岁月。

　　《不可磨灭的历史记忆：红旗渠口述史》这本书，是对红旗渠精神的一次深情回溯。全书共收录42篇文章，每一篇都是一扇窗口，从不同角度真实地展现了修渠人当年的工作与生活图景，再现了红旗渠修建过程中那令人动容的艰难险阻，以及修渠人矢志不渝的坚守，彰显了平凡人身上的伟大精神力量。

　　这些故事的背后，是工作人员不辞辛劳的付出。他们走进修渠人的家中，与老人促膝长谈，在温暖的交流中，共同回溯那段激情燃烧的岁月。工作人员认真聆听、详细记录，随后由专业人员精心整理成文，再经过反复核实史料、多次修改、仔细校对等重重工序，最终才汇集成册。

　　为了最大程度地保留口述历史的原汁原味，书中的地名、称谓沿用旧称，方言和口语也尽可能保持原貌，让读者能够真切感受到那段历史的温度和质感。希望这本书呈现在读者面前的，不只是平凡人的故事，更是故事背后蕴藏的"自力更生、艰苦创业、团结协作、无私奉献"红旗渠精神，激励我们在新时代继续奋勇前行。

在《不可磨灭的历史记忆：红旗渠口述史》的组稿、编辑、校对过程中，得到了许多单位和个人的关心、支持与帮助。在此，我们向所有为本书付出热忱关爱和真诚帮助的组织及朋友们，致以最诚挚、最衷心的感谢！由于本书所涉及的故事大多发生在20世纪60年代，受年代久远、记忆偏差以及编者水平所限，书中人名、地名等信息难免存在疏漏之处，恳请广大读者批评指正。

编　者

2025年3月